JINGDIAN FUGU DANGAO ZHUANGSHI

经典复古
蛋糕装饰

[英] 佐伊·克拉克　著

李燕春　译

中国纺织出版社

全国百佳图书出版单位

目录

引　言

　　"复古"已经变得非常流行，尤其当它用于会场布置和婚庆蛋糕时，所以看来现在是探索这一话题的绝佳时间。我从研究到创作本书中这些错综复杂而又漂亮的复古蛋糕得到了非常多的快乐。

　　那么，"复古"到底是指什么呢？那些已经有20～100年历史的，例如衣服、家具和家居用品，并且能代表它们出产的那个年代的物件都可以被印上"复古"的标签。

　　本书中绝大多数蛋糕都围绕着复古款式，从查尔斯顿时期轻佻的裙子到20世纪50年代的大摆裙和紧身胸衣，从简单的分层蛋糕到那些更加复杂新颖的设计，我的目标在于迎合所有的口味并让我的设计达到中级翻糖师或更高的水平。

　　这本书着重于10个设计方案，结合插图一步一步详尽地向你讲述制作蛋糕的方法。非常重要的一点是，在你开始制作之前应阅读整个章节，因为有些材料可能需要提前24～48小时准备好。

　　每个章节包含二选一的两个设计方案，用于当你时间有限或希望给主要设计一些小小搭配的时候。你会在本书中发现一些有用的小窍门、技术要点和配方。我希望我的想法会带给你灵感，并且你也能够享受制作自己永恒复古蛋糕的过程。

Zoe
x

工具和设备

下面的清单涵盖本书中制作蛋糕的所有基本工具，以及任何发挥创造性所需要的工具。在开始烘焙前把所有的工具和设备准备好。基本工具以外，额外用到的特殊工具都列在相应设计方案的章节里。

烘焙必备品

✤ **电动搅拌器** 用来制作蛋糕，奶油乳酪（*霜状白糖*）和糖霜酥皮

✤ **厨房台秤** 用来称量食材

✤ **量勺** 用来量取小量食材

✤ **搅拌碗** 用来搅拌食材

✤ **刮铲** 用来搅拌或将蛋糕粉轻叠在一起

✤ **饼模** 用来烘焙蛋糕

✤ **杯状蛋糕或松饼托盘** 用来烘焙杯状蛋糕

✤ **焙烤浅盘** 用来烘烤饼干

✤ **金属丝架** 用来冷却蛋糕

一般设备

✤ **油（蜡）纸或烘焙纸** 用来摆放饼模或做准备时垫在糖霜下面

✤ **透明薄膜（*保鲜膜*）** 用来覆盖糖霜使其不会变干或包裹饼干面团

✤ **大不粘板** 用来把糖霜放在上面铺展开（也可以在工作台上铺撒糖粉，以防止铺展糖霜时发生粘连）

✤ **防滑垫** 用来放在不粘板下面，以免其在工作台上滑动

✤ **大的和小·的不粘擀面杖** 用来展开糖霜和杏仁蛋白软糖

✤ **大的和小·的尖刀或外科手术刀** 用来切割或修整糖霜

✤ **大锯齿刀** 用来分割或为蛋糕塑型

✤ **蛋糕分割器** 用来切平，给海绵蛋糕分层

✤ **大的和小·的调色刀** 用来涂抹奶油乳酪（*霜状白糖*）和巧克力酱

✤ **糖霜或杏仁蛋白软糖间隔器** 用来引导糖霜和杏仁蛋白软糖在铺开时的厚度

✤ **糖霜平滑器** 用来使糖霜平整

✤ **水平仪** 用来检查蛋糕在堆积时是否水平

✤ **金属尺** 用来测量不同的高度和长度

✤ **厨房毛巾／纸巾** 用来擦干刷子

✤ **蛋糕刮刀** 用来刮平奶油乳酪（*霜状白糖*）、巧克力酱或糖霜酥皮，用法近似调色刀

创造性的工具和材料

❖ **塑料空心固定销** 用来组装蛋糕

❖ **转盘** 用来给蛋糕分层

❖ **双面胶** 用来在蛋糕、垫板和柱脚周围粘附缎带

❖ **裱花袋** 纸质的或塑料的，用来在杯状蛋糕上做糖霜酥皮装饰或打卷

❖ **裱花管** 1号和15号，用来做糖霜酥皮装饰

❖ **鸡尾酒棒（牙签）或者明胶棒** 用来卷曲糖霜或上色

❖ **食用胶** 用以糖霜之间的粘连

❖ **食用画笔** 用来标记位置记号

❖ **针状划线器** 用来轻轻地记录位置记号或在糖霜里打泡沫

❖ **蛋糕顶部标记模具** 用来找到或标记蛋糕的中心点和固定销应该放置的地方

❖ **糕点刷** 用来向蛋糕上刷糖浆、覆盖杏仁或抹酱

❖ **好的画刷** 用来黏合和绘画

❖ **粉刷** 用来向糖霜上刷食用粉

❖ **球状工具** 用来使花（花瓣、黏胶）膏的边变薄并加褶饰

❖ **泡沫垫** 用来软化和给花（花瓣、黏胶）膏加褶饰

❖ **圆形切刀** 用来切出各种尺寸的圆形

❖ **造型切刀** 用来为糖霜和饼干切出各种形状，例如花朵、椭圆形和心形

❖ **纯酒** 用来与食用粉混合画在糖霜上，然后把糖霜粘到杏仁蛋白软糖上

❖ **食用油（白色植物油）** 用来润滑面板，大头针和模子

朦胧的蕾丝梦

蕾丝花边裙一直以来都是经典流行款式，并且自从凯特·米德尔顿在她婚礼那天穿上了蕾丝礼服，目前看来更是流行所趋。众多新娘想要一款与她们礼服搭配的结婚蛋糕，这正是我最喜欢的装饰蛋糕的方式——一次美的创造且是为她们特制的。

尽管我不敢称这些蕾丝设计非常复古，但其浪漫主义的暗粉色和微妙的象牙色装饰所呈现的色彩组合的确是经典的。通过它细腻的花状蕾丝设计、柔软的缎带装饰和来自珍珠白光泽闪耀所蕴含的微妙寓意，这真的是一款梦想中的结婚蛋糕。

漂亮的婚纱蕾丝

本节包含这个精致的三层结婚蛋糕设计的所有细节。漂亮的花状蕾丝图案设计时运用了贴花技术，包括一类使用小锯齿和线条结合的方法所创造出的类似刺绣品的裱花。蕾丝模子的使用使其质地更具有真实感。在大花和可食用珍珠上加上小泪滴作为珠饰更使这款蛋糕让人眼前一亮。

主要材料

❖ 一个直径13厘米、高10厘米的圆形蛋糕（*参见蛋糕配方*），一个直径23厘米、高11.5厘米的圆形蛋糕，准备好并涂上象牙色糖膏（*翻糖膏*）（*参见用杏仁蛋白软糖和糖膏覆盖*）

❖ 一个直径18厘米、高13厘米的圆形蛋糕，涂以暗粉色糖膏（*翻糖膏*）（*参见用杏仁蛋白软糖和糖膏覆盖*）

❖ 一个直径30厘米的圆形蛋糕底座，涂上象牙色糖膏（*翻糖膏*）（*参见给蛋糕板上糖霜*）

❖ 1000克暗粉色糖膏（*翻糖膏*）（*和用于粘贴中层蛋糕所用的颜色一致*）

❖ 半量的糖霜酥皮（*参见糖霜酥皮*）

❖ 15毫升（*1汤匙*）与蛋糕颜色一致的暗粉色和象牙色的糖霜酥皮各1份

❖ 可食用的白珍珠糖丸

❖ 100克白色花（*花瓣、黏胶*）膏

❖ 珍珠白光泽彩料

❖ 白色无毒、可食用色素

主要设备

❖ 卡片

❖ 7条切好尺寸的空心固定销（*参见组装分层蛋糕*）

❖ 大的花朵模子（*参见模版*）

❖ 大头针

❖ 裱花袋（*参见裱花袋的制作*）和1号1.5号、4号的裱花管

❖ 扇形花边剪刀（*Orchard产品*）

❖ 蕾丝模子或有织纹的垫（*CK*）

❖ 3个小号的迎春花模具

❖ 2个小的花型弹簧按压模具

❖ 1.5厘米象牙色或白色双面缎带

1. 把200克暗粉色糖膏（*翻糖膏*）铺开成约50厘米×7.5厘米×0.2厘米的长带状。用刀沿着长带的一边把糖膏边缘切割平整，然后把它包绕并黏附在13厘米的蛋糕层周围。剪一片6厘米高的卡片来做标尺，并将蛋糕周围高于这个高度的翻糖平整地切下，使其看起来像个光整的发带。把它放置一边干燥数小时或者一整夜最为理想。这一步应该在制作蛋糕的同一天完成。

贴士

为了隐藏糖膏（*翻糖膏*）条带的接合部，可以用手指将它从背后修整并把糖霜捏合在一起。

2. 把剩下的暗粉色糖膏铺开厚度约0.2厘米，并覆盖到23厘米蛋糕层的表面。用手围绕边缘把翻糖向下弄平直到差不多一半的位置。剪另一张约7.5厘米高的卡片用来做标尺，将环绕蛋糕多余的翻糖切下，这一次的操作由上而下。继续将翻糖沿蛋糕弄平，如果底部边缘稍微凸出表面就将其修剪平整。放到一边干燥数小时或一整夜。

3. 将3个蛋糕层固定并安装在翻糖蛋糕板上（参阅安装分层蛋糕）。

4. 用1支食用画笔，把大花朵模板（*参阅模板章节*）拓印在油纸上10～11次。把每一张都钉到蛋糕上，使它们间隔均匀并让每朵花摆放在不同的角度。每个模板用4个大头针来确保它们固定在适当的位置。用一个针状划线器，将每朵花的轮廓刺到蛋糕上。小心地取下纸和大头针，并放置到安全的地方。

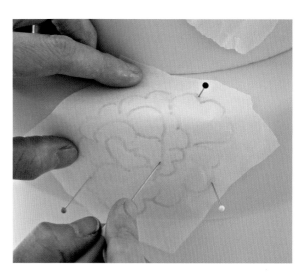

5. 用一个1号裱花管并用湿性糖霜充满裱花袋后在设计好的图案上裱花（*参阅用糖霜裱花*）。裱花的手法不需要多么完美，旨在追求凹凸不平的纹理和顿挫的效果，就像在刺绣或缝合。接下来，在每朵花的外围裱一些互相毗邻的小泪珠串。

6. 用一个球状工具在花的中央做一些小圆型的凹痕，然后将珍珠糖丸按在上面，用一些食用胶将它们固定。

7. 为了制作环绕顶层和底层蛋糕的扇形花边，将一些白色花（*花瓣、黏胶*）膏铺到一个长长的约0.7厘米的带子上，并用扇形剪刀来修剪它的边缘。将扇形的部分压到一个蕾丝模子里来增加纹理，之前要刷上珍珠白光泽彩料来防止其发生粘连，且可增添光泽。此步骤二选一，也可以将扇形的部分放进有织纹的垫中，并用混合了纯酒的珍珠白光泽彩料来给它们上色。用可食用的黏胶将修剪好的花边弯曲朝上地贴到顶层蛋糕周围，并弯曲朝下地贴到底层蛋糕周围。

8. 至于小的贴花装饰，薄薄地铺上一些白色花（*花瓣、黏胶*）膏并压进蕾丝模子，如步骤7。用大的迎春花模具切出一朵花，再用小的迎春花模具切掉花心。用最大的花型弹簧按压模具切除中型迎春花的花心，并用小的花型弹簧按压模具切除最小迎春花的花心。可以将切掉的花心保存好用来装饰蛋糕。

9. 用食用胶将迎春花贴到蛋糕上，可用大图中所示作为指导来选择它们的位置。将最大的花心贴到最大迎春花的中央，并在花（花瓣、黏胶）膏变干之前用球形工具在花心压出凹痕。将白珍珠糖丸粘在凹痕处。

10. 铺开更多白色花（花瓣、黏胶）膏并将它们干燥大约5分钟。用一个4号裱花管来裱出许多小点，将这些像衣服上亮片一样的小点装饰到蛋糕上。用食用胶将它们粘到小花的中央和大花的周围。

11. 用一些珍珠白光泽彩料和纯酒混合来给所有的小亮片和大花上的泪滴上色。在大花中央的糖丸上刷少量的食用胶，并用画刷涂上亮光使其闪闪发亮。

12. 装满裱花袋配以1.5号裱花管在每一层蛋糕的边缘裱蜗型轨迹花边（*参阅用糖霜裱花*）。颜色选用暗粉色糖霜做上面两层，用象牙色来做底层。

13. 用装有1号裱花管的裱花袋和白色糖霜小心地来裱叶片。先裱叶片的主要轮廓，再来回走"之"字形填充叶面。

贴士

用类似缝纫的手法来裱"之"字形；使一些线条非常笔直而其他一些则更多弯曲。

14. 最后在蛋糕板周围用白色双面缎带包绕固定。（*参阅在蛋糕和蛋糕板周围固定缎带*）

漂亮的贴花杯状蛋糕

这些甜美时尚的蕾丝杯状蛋糕是对主要设计的完美补充，在暗粉色糖膏覆盖下简单地使用小贴花来做装饰。它们看起来太漂亮以致几乎不忍心去吃。

用小贴花来简单地装饰杯状蛋糕，其方法与制作漂亮的婚纱蕾丝蛋糕一样，可参照步骤8～10。用装有1号裱花管的裱花袋和白色糖霜小心地来裱叶片。先裱叶片的主要轮廓，再来回走"之"字形填充叶面。用混合了纯酒的珍珠白光泽彩料给亮片上色。

你也需要

✤ 装在银箔片容器里的杯状蛋糕（参阅烘焙杯状蛋糕），用一盘暗粉色糖膏（翻糖膏）覆盖（参阅用糖膏覆盖杯状蛋糕）

✤ 贴花（参阅步骤8～10，漂亮的婚纱蕾丝）

✤ 白色糖霜酥皮（参阅糖霜酥皮）

✤ 裱花袋（参阅裱花袋的制作）和1号裱花管

✤ 用纯酒混合的珍珠白光泽彩料

花样蕾丝饼干

这些可爱的心形饼干将是很棒的婚礼点心首选或情人节礼物。因为蛋糕设计中的大花设计将被用到，配以漂亮的泪滴装饰、随意裱上的花瓣和叶片会带来真正的浪漫感受。

用划线器把设计图案描到饼干上（*参阅步骤4，漂亮的婚纱蕾丝*）。用湿性糖霜充满裱花袋配以1号裱花管，并用装饰主蛋糕的方法来裱上设计图案。裱上叶片的主要轮廓，再来回走"之"字形填充叶面。

在适当位置按上珍珠糖丸（*参阅步骤6，漂亮的婚纱蕾丝*），然后加上一些亮片（*参阅步骤10，漂亮的婚纱蕾丝*），如下图所示将它们固定在饼干上。用纯酒混合一些珍珠白光泽彩料给所有亮片和泪滴上色。最后，在中央的糖丸上刷少量的食用胶，并用画刷涂上亮光。

你也需要

- ❖ 10厘米宽的心型饼干（*参阅烘焙饼干*），用暗粉色糖膏（*翻糖膏*）来覆盖（*参阅用糖膏覆盖饼干*），提前24小时准备好较为理想
- ❖ 裱花袋（*参阅裱花袋的制作*），1号和4号裱花管
- ❖ 大花模子（*参阅模板*）
- ❖ 白色糖霜酥皮（*参阅糖霜酥皮*）
- ❖ 用纯酒混合的珍珠白光泽彩料
- ❖ 白色可食用的珍珠糖丸
- ❖ 无毒、可食用的闪光粉

复古的珠宝

复古的珠宝在当下非常流行，从华丽的宝石胸针和精致的发夹到永恒的珍珠和光彩夺目的宝石戒指。看着周围这一系列诱人的经典装饰品，我已经迫不及待地把它们的美丽用糖膏复制出来。现在大量琳琅满目的复古珠宝模子会让你选择时目不暇接。

我并不想仅仅停留在珠宝，更好的方式是展现这种美味的集合而非仅有华丽的珠宝盒子外壳。经典的焦糖咖啡色调，时尚的玫瑰轧花装饰，漂亮的裁剪和经典的蕾丝面底板，这将成为你所有复古珠宝创作的源泉。

经典的珠宝盒子

　　这个绝妙的珠宝盒子蛋糕设计以拉开的抽屉放入珠宝为特点，由从蛋糕上切下的组块制作而成。它是由一个打开的盖子，用一个泡沫板和一个蛋糕顶层并在蛋糕里面放置固定销来撑出一个空间设计而来，然而也可以省略这一步直接做一个更简单的闭合盒子。

主要材料

❖ 一个33厘米的原型蛋糕板，覆盖以中等深度的棕色糖膏（翻糖膏）（参阅给蛋糕板上糖霜）

❖ 食物色素：中等深度的棕色，黑色

❖ 用650克海绵蛋糕预拌粉（参阅蛋糕配方）烘焙的边长为35厘米的方形蛋糕，修整到4厘米高并切成3个19厘米×12.5厘米的长方形

❖ 19厘米×12.5厘米×4厘米的蛋糕模型（选择性的）

❖ 一定量的巧克力酱（参阅巧克力酱）

❖ 1600克焦糖咖啡色的糖膏（翻糖膏）

❖ 半量的糖霜酥皮（参阅糖霜酥皮）

❖ 花（花瓣、黏胶）膏；30克暗象牙色，30克白色，30克焦糖色，20克珊瑚色（用粉色和桃色混合制成），30克灰色

❖ 光泽彩料：珍珠白，象牙珍珠，银色，金色

❖ 一片玫瑰头纱样糖纱（参阅糖纱的使用）

❖ CMC（羧甲基纤维素）2.5毫升

主要设备

❖ 2块0.5厘米厚、19厘米×12.5厘米的泡沫板

❖ 茶玫瑰拼缀图模具

❖ 一块0.5厘米厚、12厘米×4.5厘米的泡沫板

❖ 一个按尺寸切好的薄固定销（参阅安装分层蛋糕）

❖ 模具；完美的珍珠，金银丝做的蝴蝶，金银丝做的胸针，3支胸针，女士浮雕

❖ 大蕾丝模具

❖ 蕾丝切刀套装

❖ 4厘米椭圆形切刀

❖ 1.5厘米宽淡咖啡、双面丝绸缎带

贴士

如果材料不足，也可以做一个19厘米×12.5厘米×4厘米的蛋糕模型。

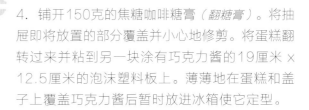

1. 用一个扁平的画刷在蛋糕板上刷用水稀释的中等深度的棕色食用色素膏，放到一旁晾干。

2. 用少量巧克力酱将一层蛋糕粘到一块19厘米×12.5厘米的泡沫塑料板上。从第二层蛋糕上的一边切下一块，距两头分别为2.5厘米的距离，深度约2厘米。

3. 用巧克力酱将切过的那层粘到第三层蛋糕的顶上。薄薄地在切割抽屉的部分涂抹巧克力酱，并延续到盒子的前面。

4. 铺开150克的焦糖咖啡糖膏（翻糖膏）。将抽屉即将放置的部分覆盖并小心地修剪。将蛋糕翻转过来并粘到另一块涂有巧克力酱的19厘米×12.5厘米的泡沫塑料板上。薄薄地在蛋糕和盖子上覆盖巧克力酱后暂时放进冰箱使它定型。

5. 铺开700克的焦糖咖啡糖膏（翻糖膏）至0.4厘米（1/2英寸）厚，并将盒子覆盖（参阅用杏仁蛋白软糖和糖膏覆盖）。用小尖刀或外科手术刀切掉抽屉部分，之后像之前那样覆盖盒盖子，剪掉任何多余的部分。将75克糖膏铺开至0.3厘米厚来覆盖裸露的泡沫塑料板，先测量好面积并切掉多余的部分。当糖膏还柔软时将茶玫瑰拼缀图模具按压到糖膏上印出图案。在盖子上印2个，其余每面印1个。

6. 检查12厘米 x 4.5厘米的泡沫板是否刚好能塞进抽屉，允许每边有0.4厘米的缝隙。如果必要的话可用外科手术刀进行修剪。铺开75克的焦糖咖啡色糖膏（*翻糖膏*）至0.3厘米厚，并覆盖小泡沫塑料板（*参阅给蛋糕版上糖霜*），之后放到一边。

7. 将2.5毫升CMC（*羧甲基纤维素*）混合到150克的焦糖咖啡色糖膏（*翻糖膏*）里使它变得非常硬（*参阅做黏胶和CMC模型*）。将糖膏展开至0.3厘米厚，并切出抽屉的各个面;先切出左右两个面，用抽屉的底面作为指导并通过查看蛋糕中的间隙量出高度。接下来，切出前后两面，这两块都需要比抽屉实际的长度稍微长一些，因为它们需要用来遮盖其他各面。将它们用食用黏胶贴到底面上之前先放到一边晾干。先把左右两小块粘贴到位，再粘贴前后两个面。

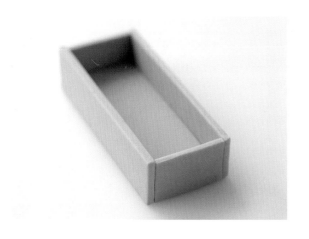

8. 用一片玫瑰头纱样糖纱（*参阅糖纱的使用*）覆盖绝大部分的蛋糕板，用手术刀将其适当修剪并在必要时用水将其润湿。

9. 将蛋糕稍稍偏离中心地放在蛋糕板上，用糖霜固定住。在板的中心放置一个薄固定销。在比蛋糕顶部高0.5厘米的地方做标记，然后将固定销移除，切掉并放回原来的位置。用糖霜粘上盖子，如果固定销能被看到就将它修剪好。

10. 为了制作盖子底部的花边，将象牙色的花膏（*花瓣、黏胶*）铺至0.1厘米厚、20厘米长并用蕾丝模子给花膏压出纹理（*参阅步骤7，漂亮的婚纱蕾丝*）。用蕾丝花边剪刀剪出一个锯齿状的边，并用一把尖刀在另一面切出一个笔直的边。将锯齿状的一边朝上围绕盖子的底部用食用胶粘上，沿盖子的边缘贴好花边，将连接处尽可能地弄平整。围绕蛋糕的顶部重复以上步骤，紧贴盖子缝隙的下面，锯齿面朝下。再铺开一些糖膏，用蕾丝压出花纹并用蕾丝花边剪刀剪出一个两边是锯齿的长条。量出抽屉面的长度并将糖霜切至相应长度。用食用胶将糖霜粘上，并将抽屉用糖霜固定到相应位置。

11. 从焦糖花（*花瓣、黏胶*）膏上转出一个小球并粘到抽屉的中央。将另一小坨糖膏按压到3个胸针模子其中一个的中心部分，使其突起并粘到球上作为抽屉的把手。把剩下的糖膏薄薄地铺开并切出两个2厘米 x 1.5厘米的长方形来做合叶片。用食用胶粘到相应的位置后用4号裱花管在每个角上印上钉子图案。卷起小香肠卷将它们粘到每个合叶片的中央并用小尖刀压出一些垂直的线条贯穿它们。

蝴蝶发夹

用20克白色花（*花瓣、黏胶*）膏混合黑色食用色素来调出灰色。将它铺开成又长又厚的一块，用尖刀切至0.3厘米宽。在发夹两边从头至尾做成小锯齿状，以便使它看起来像两片，并在末端切成尖端。用小块的白色花（*花瓣、黏胶*）膏捏成小珍珠压进金银丝蝴蝶模子，然后用灰色花（*花瓣、黏胶*）膏填充模子里剩余的空间（*参阅模具的使用*）。将糖霜取出并修剪出触须。用食用胶将模压好的糖霜粘到大头针上。晾干后，在灰色花（*花瓣、黏胶*）膏上涂上银色光泽并给珍珠涂上白色光泽。

浮雕宝石项链

制作浮雕宝石，将一些白色花（*花瓣、黏胶*）膏压进女士雕像模子，再把一些灰色花（*花瓣、黏胶*）膏压进模子填充剩下的空间后取出。铺开焦糖咖啡色的花（*花瓣、黏胶*）膏至0.3厘米厚，并用椭圆形切割器切出雕像宝石的背面。用食用胶把雕像粘到上面。

至于链子，卷起一个细的长约40厘米的香肠状糖膏。用1.5厘米长的香肠状糖膏来做挂钩，修剪并用食用胶来固定好。用金色光泽给挂钩和雕像背面上色。

珍珠

首先将白色光泽彩料刷到两个颜色的模子里。然后分别将白色和珊瑚色花膏放入模子里，之后取出。将珊瑚珍珠串粘贴到抽屉里，粘上白珍珠串使其盘曲在盖子和盒子之间，最后落在板子上。

耳环

简单地将灰色花（*花瓣、黏胶*）膏压进金银丝做的胸针模子的胸针中部，然后在中心部分涂上黑色食用色素膏并在外周部分涂以银色光泽彩料。用食用胶将它们粘到盒子里，如果它们太干的话也可以使用糖霜。

胸针扣

将白色花（*花瓣、黏胶*）膏压入模子的中央椭圆形珍珠部分，然后将焦糖色花（*花瓣、黏胶*）膏填满剩余的空间。将它取出并用食用胶粘到蛋糕上。用白色光泽彩料给中心部分上色，用金色光泽彩料给四周上色。

12. 用金色光泽彩料给项链的链子和合叶片上色，然后用纯酒混合淡象牙色光泽彩料涂抹在玫瑰花上面。最后将蝴蝶夹放进抽屉里或蛋糕板上（*可以用食用胶固定*），并在蛋糕板四周贴上一些缎带（*参阅在蛋糕和板子四周固定缎带*）。

宝石戒指迷你蛋糕

　　这款令人惊叹的戒指盒迷你蛋糕是珠宝盒子大蛋糕的完美搭配，也适合用在订婚仪式上。尽管与蛋糕相比它的翻糖方法更加粗线条，但它将毋庸置疑地成为特殊场合下最大方的礼物。

　　用一小方块厚约0.3厘米的象牙色糖膏（翻糖膏）覆盖在蛋糕顶部。用尖刀在糖膏（翻糖膏）中间切一道裂缝，并将它轻轻撑开用来放戒指。在棕色糖膏（翻糖膏）里加入少量CMC（羧甲基纤维素）使其变硬，然后把糖膏铺开至0.2厘米厚并切出盒子的各个面。把它们粘到蛋糕的涂层上，必要的话在连接交角的时候可以使用食用胶。用同样的方法制作盖子：先切出顶部的正方形，然后切出余下4个面并放置晾干。

　　用淡咖啡色花（花瓣、黏胶）膏制作盒子和盖子周围的锯齿状花边（参阅步骤10，经典的珠宝盒子）。用灰色花（花瓣、黏胶）膏卷一个小香肠形，切约3厘米长。让它在弯曲的状态下稍稍变硬来保持它的形状，必要的话进行修剪，用象牙色糖膏将它固定在裂缝里。用做耳环一样的方法来制作戒指的顶部（参阅经典的珠宝盒子，耳环）。

浮雕和胸针饼干

这些简单的糖霜酥皮、椭圆形的饼干由在*经典的珠宝盒子里*可以找到的珠宝元素精制而成。最终的结果是极为诱人的。

用扁平刷在焦糖翻糖饼干上均匀地涂刷干的金色光泽彩料。用少量糖霜或者如果浮雕仍然很软则用食用胶把浮雕固定到饼干的中央。在浮雕周围用焦糖色糖霜裱上若干小点。当小点变干，用好的画刷在上面涂抹金色光泽彩料。

至于胸针饼干，可以简单地将胸针用糖霜或者如果胸针仍然很软则用食用胶粘到淡咖啡色糖霜上。

你也需要

- ❖ 长直径为6厘米的椭圆形饼干（*参阅烘焙饼干*），覆盖以焦糖和淡咖啡色糖霜酥皮（*参阅糖霜酥皮饼干*）
- ❖ 裱花袋（*参阅裱花袋的制作*）配以1.5号裱花管，并填充焦糖色糖霜酥皮（*参阅用糖霜酥皮裱花*）
- ❖ 用酒精混合的金色光泽彩料
- ❖ 浮雕（*参阅经典的珠宝盒子，浮雕项链*）
- ❖ 胸针（*参阅经典的珠宝盒子，胸针扣*）
- ❖ 糖霜或食用胶

设计师的艺术装饰

艺术装饰风格是一种诞生于19世纪20年代并兴盛于19世纪30～40年代的大胆的、折中的风格，结合了传统的工艺理念和机械时代的概念。随着时代的发展，它因其简单、经典的外形，重复的图案，丰富的色彩组合和其整齐对称的特性，代表奢华迷人并饱含工业发展进程的寓意。

我很喜爱艺术装饰风格这类形式，并渴望将这种经典的组合运用到我自己的设计当中。我选择用显著的黑色、金色和象牙色组合，来渗透其风格和高雅。这些重复的图案可以借助艺术装饰风格模板和模具，比想象中制作得更快更容易。

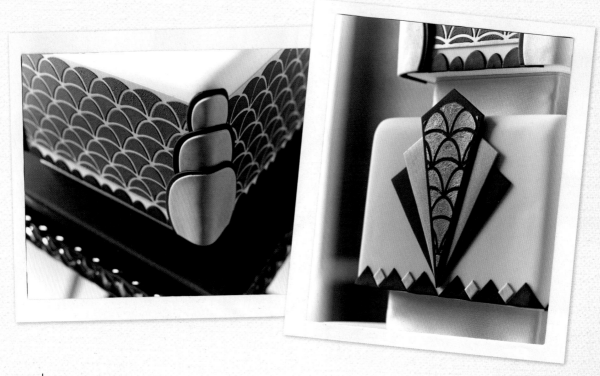

外形对称的蛋糕

我用想象中的艺术装饰建筑风格设计了这款高的、分层蛋糕。它的外形非常有棱角，在层与层之间加入长的、高雅的空间架构，富有艺术装饰建筑风格的怀旧风。为营造艺术装饰风格的主题和图案，我只用了一个版面模子来创造对称，属于整齐的设计，一个高效的技术比一块一块地切要快很多。为了达到最好的效果，将蛋糕运送至不同的层面并就地组装在一起。

主要材料

❖ 一个边长10厘米，高9.5厘米的方形蛋糕（参阅蛋糕配方）；一个边长12.5厘米，高10厘米的方形蛋糕；一个边长23厘米，高11厘米的方形蛋糕；一个边长20厘米，高12厘米的方形蛋糕，每一个都用象牙色糖膏（翻糖膏）覆盖，并至少在12~24小时前准备好（参阅用杏仁蛋白软糖和糖膏覆盖）食物色素；中等深度的棕色，黑色

❖ 一块边长25厘米方形蛋糕板，覆盖以黑色糖膏（翻糖膏）（参见给蛋糕板上糖霜）

❖ 花（花瓣、黏胶）膏；800克焦糖色，600克黑色

❖ 金色光泽材料

❖ 一定量的糖霜酥皮（参见糖霜酥皮）

❖ 食用色素膏：黑色，焦糖色或象牙色

主要设备

❖ 12块切好尺寸的空心固定销（参见安装分层蛋糕）

❖ 7.5厘米宽，2.5厘米厚的方形聚苯乙烯蛋糕模型

❖ 两个10厘米，两个12.5厘米和两个18厘米的方形蛋糕板（圆桶），每一对都用糖霜酥皮粘在一起

❖ 艺术装饰建筑风格的版面模子（设计师版面模子）

❖ 封口胶条

❖ 模板A-F（参阅模板）

❖ 椭圆形切刀组合

❖ 小椭圆形切刀：1.5厘米，2.5厘米（量取长边）

❖ 正方形切刀：2厘米，0.8厘米

❖ 2.5厘米宽的金色、缎面缎带

❖ 1.5厘米宽的黑色、双缎面缎带

1. 将下面3层蛋糕用固定销固定在一起（参阅安装分层蛋糕），每层使用4个固定销。注意在所固定的蛋糕层顶上坐立的蛋糕板要比放在它上面的蛋糕小一些，因此不要把固定销放置得彼此离太远。

2. 为了装饰底层蛋糕，铺开大约50克的焦糖色花（花瓣、黏胶）膏至0.1厘米厚，将其翻转并立即撒上金色光泽彩料。用版面模子和封口胶条来做一个对称的长方形框架，量约9厘米×20厘米。

3. 用黑色食物色素膏给大约75毫升（5汤匙）的糖霜酥皮上色，然后把设计版面模子放在撒好光泽彩料的焦糖色花（花瓣、黏胶）膏上面。用一把调色刀在糖膏上涂抹糖霜并把多余的糖霜去掉。

4. 小心地将设计版面模子摘掉并用尖刀切出一个长方形，在模好的形状周围留出0.1～0.2厘米的边。放置一边直到糖霜酥皮变干但糖膏仍有一定弯曲度。重复以上步骤做其他3个模好的长方形。用食用胶将4个模好的长方形粘到每一面上，距蛋糕底部约1.2厘米。操作的时候宜用湿布将糖霜盖上以免其起硬皮。

贴士

在每一次用完设计版面模子以后需要将其清洗干净，但封口胶条必须留在原位。

5. 将75克的黑色花（花瓣、黏胶）膏薄薄地铺开，用8.5厘米切刀、6厘米切刀和4厘米切刀分别切出4个椭圆形。还需要重新铺开或加入一些糖膏，来切出所有的椭圆形。重复以上步骤将焦糖色花（花瓣、黏胶）膏用8厘米、5.5厘米和3厘米切刀切出同样数量的椭圆形，将其翻转刷上金色光泽彩料。将最小的金色椭圆形粘在最小的黑色椭圆形上面，第二小的金色椭圆形粘到第二小的黑色椭圆形上面，依次类推。用食用胶，把它们排成一排粘在一起，将最小的放在最顶部，彼此重叠向下直到最大的那块。当所有的部分粘到一起以后，将最底部的椭圆形水平地切开，并将它贴到蛋糕的角上以致水平边与蛋糕的底部对齐。对每一个角重复完成以上步骤。

6. 为了装饰蛋糕基座的周边，将一些黑色花

（花瓣、黏胶）膏铺开，用1.5厘米和2.5厘米切刀切出一些小的椭圆形，需要大约10个大的和8个小的椭圆形。用小尖刀将它们从中线切开，然后用食用胶把它们粘在蛋糕基座上。

7. 第二层蛋糕用和底层同样的方法来制作，但尺寸要稍稍小一些。长方形的大小约为7.5厘米 × 13厘米，因此需要调整封口胶条边框来适应这个尺寸。放在蛋糕角上的每一块椭圆形也要用小一号的切刀来切，（8厘米、5.5厘米和3厘米切黑色椭圆形，7厘米、5厘米和2.5厘米切金色椭圆形）。还需要稍少些的小椭圆形来装饰这层蛋糕的底部边缘。

8. 为了装饰顶层蛋糕，首先薄薄地铺开约60克的黑色花（花瓣、黏胶）膏。用模板C（参阅模板）从糖膏的一边切出4个宽钻石形状并放置一边。铺开约40克焦糖色花（花瓣、黏胶）膏至同一厚度，将其翻转并撒上金色光泽彩料。用模板B切出另外4个钻石形状并放置一边。

贴士

如果希望它减少一些不稳定性，可以在顶层甚至顶部两层使用蛋糕模型。

9．将模板A（参阅模板）放到艺术设计版面模具下面。用封口胶条做出风筝形状，放在模具边缘向里约0.2厘米处。将版面模具从模具A上取下。用焦糖色食用色素膏给30毫升（2汤匙）的糖霜酥皮上色。铺开额外一些黑色花（花瓣、黏胶）膏并将版面模具放在上面。用调色刀在钻石形状上面薄薄地涂抹上一层焦糖色糖霜并小心地去掉多余的部分。将版面模具摘掉露出由版面模具模好的钻石形状，然后用尖刀切割糖膏的边缘，在模好的形状周围留一个约0.2厘米的边。重复4次并放置一边稍稍晾干。

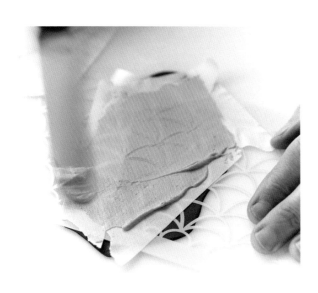

10．将所有3个切好的风筝形状粘在一起，模有艺术设计图案的在最上面，撒金焦糖色的在中间，黑色的在最下面。将它们粘到蛋糕每一面的中央，距底部0.5～0.7厘米高。

11．为了做蛋糕基座周围的装饰，再薄薄地铺开一些黑色花（花瓣、黏胶）膏，并用2厘米切刀切出8个正方形。将每个正方形的对角切一刀成为三角形，并用食用胶将它们固定在蛋糕基座的周围。铺开一些焦糖色花（花瓣、黏胶）膏，翻转过来，刷上金色光泽彩料并用8毫米正方形切刀切出8个正方形。用食用胶将它们粘到黑色小三角形的中间。

12．第三层蛋糕和顶层有同样的设计。重复上面8～11步，用模板D、E和F（参阅模板）来制作大一些的中心部分图案设计。用酒精混合一些金色光泽彩料来给顶部艺术设计图案的焦糖色糖霜酥皮和第三层蛋糕润色。

13．给蛋糕板周围固定缎带，首先在双层蛋糕板的周围用一些2.5厘米宽的金色缎面缎带包绕，然后在7.5厘米的蛋糕模型周围用双面胶包绕固定2次（参阅在蛋糕和蛋糕板周围固定缎带）。

14．用糖霜酥皮将两块17.5厘米的蛋糕板粘到上好糖霜的黑色底板的中央。待固定后小心地将底层蛋糕粘上。然后粘上12.5厘米蛋糕板，之后是15厘米蛋糕，再粘10厘米蛋糕板和12.5厘米蛋糕，最后是7.5厘米蛋糕模型和顶层蛋糕。待每一层蛋糕板和蛋糕层固定后再粘下一层。确保缎带的末端藏在蛋糕的背面。

15．最后在蛋糕底板周围包绕和固定一些黑色缎带（参阅在蛋糕和蛋糕板周围固定缎带）。

几何图形迷你蛋糕

这款大胆的迷你蛋糕设计，是使用对称外形蛋糕中简化的元素来完美地诠释。用艺术装饰版面模具来模出中央图形的繁复步骤被省略，取而代之的是使用一个锯齿形长条状切刀来装饰底部，作为一个可选的比切三角形更快捷的途径。

铺开一个长条形黑色花（花瓣、黏胶）膏，至少23厘米长，并用锯齿形切刀沿糖膏的一边切出锯齿状边缘。用一把尖刀在另一边切出一条笔直的边缘，然后用食用胶将直边向下围绕蛋糕底部粘上一圈，切掉任何多余的糖膏。铺开另一些黑色花（花瓣、黏胶）膏并用模板H（参阅模板）切出4个形状。

铺开一些焦糖色花（花瓣、黏胶）膏，将其翻转，刷上金色光泽彩料并用模板G和模板I分别切出4个风筝形状。将它们粘到一起然后用食用胶贴到蛋糕的每一面上，如上图所示。

你也需要

- ❖ 5厘米覆盖象牙色糖膏（翻糖膏）的正方形迷你蛋糕（参阅迷你方形蛋糕）
- ❖ 花（花瓣、黏胶）膏：黑色，焦糖色
- ❖ 锯齿形长条状切刀
- ❖ 模板G，模板H，模板I（参阅模板）
- ❖ 金色光泽彩料

艺术装饰杯垫饼干

这些引人注目的、印有图案的饼干会成为你咖啡桌上时髦的装饰。它们其实做起来非常快，在上好糖霜的方形饼干上简单地运用艺术装饰风格版面模具来创造真正吸引眼球的效果。

在艺术装饰版面模具上面用封口胶条做出一个6厘米的正方形区域（参阅步骤2，对称外形蛋糕）。铺开一些焦糖色花（花瓣、黏胶）膏，将其翻转并撒上金色光泽彩料。把版面模具放到糖膏上并在图案上面薄薄地涂抹上一层黑色糖霜酥皮。去掉多余的糖膏并将版面模具小心地摘掉。用尖刀将模好的正方形切下，或使用尺寸合适的正方形切刀，在图形边缘留0.1厘米的边界。稍稍晾干后将它贴到饼干上。

重复以上步骤，用相反的颜色来制作黑色饼干。最后需要用酒精混合的金色光泽彩料为晾干的焦糖色糖霜酥皮上色。

你也需要

❖ 7厘米正方形饼干（参阅烘焙饼干），覆盖以糖膏（翻糖膏）（参阅给饼干覆盖糖膏）或者用象牙色上轮廓或浸润（参阅糖霜酥皮饼干）

❖ 封口胶条

❖ 花（花瓣、黏胶）膏：黑色，焦糖色

❖ 用酒精混合的金色光泽彩料

❖ 糖霜酥皮：黑色，焦糖色

❖ 艺术装饰风格版面模具（设计师版面模具）

❖ 正方形切刀（可选的）

漂亮的帽盒

　　帽盒有着某种固有的复古气质。它们把我们带回19世纪30～40年代，女士们自豪地戴着宽边草帽、装饰用的硬草帽或五颜六色的贝雷帽。复古帽盒因其被看做和里面的帽子同样漂亮，现已经成为收藏家标志性的收藏品。这种印花设计的灵感来自复古的绘画和当代设计师布艺的完美结合。这里的玫瑰图案启发自我最喜欢的一位当代设计师的特色布艺——凯思·金德斯顿。它实质上是"复古风格印花"，然而我在印花中更加生动地运用了颜色和色调，赋予它略显现代的线条使其真正地引人入胜。

浪漫的玫瑰帽盒

这种印花帽盒蛋糕使用了一些稍微不同的翻糖方法以达到一种惊人的逼真效果。切除蛋糕面和顶部边缘糖膏（*翻糖膏*）的秘诀是，要非常注意尖刀的角度，应尽量切出卷曲并光滑的圆圈，然后用一个平滑器来给覆盖的糖膏创造一个完美的平滑表面。尽管绘制玫瑰的想法看起来让人望而生畏，但我还是将技术简化，着重于颜色深浅的变化来体现向光的花瓣和叶片。我虽然并不是画家，但这项技术帮助我达到欣喜的效果。

主要材料

✤ 一个直径18厘米，高12.5厘米的圆形蛋糕，分层的，内部填充并表面涂抹巧克力酱或奶油乳酪后冷冻（*参阅分层，填充和准备*）

✤ 一个直径33厘米的圆型蛋糕板，用非常淡的灰色糖膏（*翻糖膏*）覆盖（*参阅给蛋糕板上糖霜*）

✤ 750克淡蓝色糖膏（*翻糖膏*）

✤ 花（*花瓣、黏胶*）膏：125克粉色，50克暗粉色，20克焦糖色

✤ 食用画笔：粉色，绿色

✤ 粉剂：乳白或白色

✤ 食用色素膏：红宝石色，叶绿色

✤ 30毫升糖霜酥皮（*参阅糖霜酥皮*）

✤ 50克焦糖色糖膏（*翻糖膏*）混合以5毫升植物油和2.5毫升CMC（*羧甲基纤维素*）

✤ 混有纯酒的金色光泽彩料

主要设备

✤ 大的和小的玫瑰花模板（*参阅模板*）

✤ 碟

✤ 好的画刷：0号和2号

✤ 附有最大号绳子的糖枪

✤ 5厘米6.5厘米和7.5厘米的玫瑰花瓣切刀

✤ 半束金色花蕊

✤ 绘画调色板或苹果托盘

✤ 脉络棒；树皮效果起褶工具

✤ 1.5厘米粉色、双缎面缎带

1. 将蛋糕放在油纸上，铺开约700克的淡蓝色糖膏（*翻糖膏*）并覆盖蛋糕（参阅*用杏仁蛋白软糖和糖膏覆盖蛋糕*）。在抹平之前，用一把尖刀，放置于水平角度，沿蛋糕顶部边缘划行，切掉多余的糖膏。

2. 将剩余的糖膏（*翻糖膏*）铺开，与之前切下来的糖膏混合到一起铺到蛋糕顶上。将顶部稍稍抹平然后沿边缘用尖刀竖直向下围绕蛋糕切出一个平滑的边。用糖霜平滑器找平并放置晾干，理想的话放置24小时。

3. 将粉色花（*花瓣、黏胶*）膏铺开成一个薄的长条形，约0.2厘米厚且至少65厘米长。用一个大尺子或者指挥棒来辅助，用尖刀切掉长条形的两边使其呈3厘米宽。围绕蛋糕顶部刷少量食用胶，并小心地将圆环粘上去作为盒盖。

4. 将每一个玫瑰模板（*参阅模板*）影印3次，并剪掉外面的部分。用粉色和绿色食用画笔把玫瑰花和叶片画到蛋糕上面。接下来，剪出第二套模板（*参阅模板*），这一次剪出玫瑰花并去掉叶片。将玫瑰花放到蛋糕上其他玫瑰的同一位置，并用粉色食用画笔在叶片旁边标上玫瑰花瓣的轮廓。用最后一套模板剪出每一个单独的花瓣。这里需要多一些精确性，应该用1～8给大玫瑰，a～e给小玫瑰的每一块贴上标签，并用同样字母同样数字在第一套模板上做标记，以便清楚地知道每一块应被放置的位置。

从花朵的某个区域开始并连续交织，沿每个花瓣的边缘绘画来构成完整的玫瑰图案。

贴士

将玫瑰模板临摹数次，以允许错误的发生，这样对尝试布局玫瑰很有帮助。如果很自信，也可以直接徒手画玫瑰花瓣。

5. 准备一大杯白水来清洗画刷和稀释色浆。将红宝石色食用色素膏和一些乳白色或白色的粉剂放在盘子里，保持它们是彼此分开的。将少量白色粉剂和一些水混合入红宝石色食用色素膏，来调出淡色相的粉色。

6. 开始给玫瑰的花瓣上颜色，在盘子上调出不同深浅的颜色为每一片花瓣勾绘由浅至深的色彩变化。深色的区域应该是花瓣背离光线的部分，如隐藏到另一片花瓣后面的部分；浅色的区域应是花瓣靠近光亮的部分，如朝向末端、打开的那一部分。尽量不要让糖霜变得太湿，如果它变得很湿，则将其晾干再继续绘画，并用厨房毛巾将画刷弄干。如果误把颜色画得太深，可将画刷简单地弄湿，并将大部分色素膏擦掉。最后，当色素膏将近变干的时候，加入最浅的色彩纯白或乳白色粉剂，来突显玫瑰上主要的线条。

贴士

可以在一块不用的糖膏（*翻糖膏*）上调试准备在蛋糕上使用色彩的深浅。

7. 用同样方法使用叶绿色食用色素膏给叶片上色。勾绘出由浅绿到深绿的色彩变化，然后用乳白或白色粉剂来突显线条。叶片隐藏在玫瑰花下面，所以在这一部分要用更深的颜色来体现。当色素完全晾干时可以在上面再画一遍，加强明亮和暗淡色调来突显设计，这取决于自己希望自己的图案效果有多强烈。

8．用一些糖霜酥皮将蛋糕粘到用糖霜覆盖了的蛋糕底板上。在蛋糕的两侧用画刷的背或球状器的小头压出两个凹陷，在粉色盖子下方约0.5厘米的地方。在洞周围用工具小心地挪动，使其稍稍变大以使绳子可以穿过。

9．至于绳子，将足量植物油混合到焦糖色糖膏（翻糖膏）里面，使它柔软而富有弹性。将它放入糖枪并挤压出尽可能长的绳子。在其中一个洞里刷上一些食用胶并将绳子的一端粘到洞里面。沿洞的下方把绳子固定在蛋糕面上，来帮其承重以免糖霜裂开。将绳子的另一端放在另一个洞里，同样地将其固定在蛋糕面上。如果绳子的长度不足以伸到蛋糕另一面，则挤压出另一段绳子，并整齐地将其接到蛋糕板的中间部分。

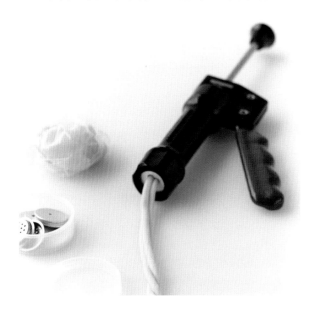

10．为了制作花型发夹，将焦糖色花（花瓣、黏胶）膏铺开至约0.2厘米厚。切出两个长条形，每个量约7厘米长和1厘米宽。在每一条的一端切下一小块并将它们稍稍晾干。用食用胶将它们粘到一起，一块在另一块的上面，并放置一边。

11．将暗粉色花（花瓣、黏胶）膏铺开并用不同尺寸的玫瑰花切刀切出3朵花。让每一朵花朝向蛋糕板的末端，并用脉络器给花瓣压出脉络，将其在每个边缘处来回地移动使其向上卷曲。将每一朵花放进调色盘的一格或模型上约5分钟，当其外面部分开始变干后，将它们最小的在最上面、最大的在最下面粘到一起。将花放回调色盘内。

12．剪下金色花蕊使它们1.2～1.5厘米长。取豌豆大小的剩余暗粉色花（花瓣、黏胶）膏滚成一个球。将花蕊一次性粘到花膏球上至其显得非常满；用食用胶固定到花朵的中心。将花放到一边至其完全晾干。当其变干，用适量糖霜酥皮将花小心地粘到发夹上。

13．用糖霜酥皮将发夹粘到蛋糕板上，并用混合纯酒的金色光泽彩料给发夹和绳子上色。最后用缎带包绕蛋糕板。（参阅在蛋糕和蛋糕板周围固定缎带）

你也需要

✤ 直径12.5厘米的圆形蛋糕（参阅蛋糕配方），10厘米高，用和主要设计一样的方法使用粉色糖膏（翻糖膏）系列在蛋糕顶部上糖霜（参阅步骤1~3，浪漫的玫瑰帽盒）

✤ 直径20厘米用淡粉色糖膏（翻糖膏）覆盖的圆形蛋糕板（参阅给蛋糕板覆盖糖霜）

✤ 大的和小的玫瑰花模板（参阅模板）

✤ 食用色素膏：深紫红色，云杉绿（食用糖花翻糖色粉）

✤ 粉剂：乳白或白色

✤ 糖霜酥皮（参阅糖霜酥皮）

✤ 粉色食用画笔

✤ 20克白色花（花瓣、黏胶）膏

✤ 1.5厘米粉色、双缎面缎带

简单的玫瑰帽盒

这个可爱的迷你帽盒蛋糕是主要设计的简化版，使用只有轮廓线的模具来做出玫瑰的主要样式。小一些的玫瑰是由一个简单的漩涡形和一些花瓣徒手画上去的，而帽盒优雅地完成于一个简单的穿绳提手。在蛋糕顶部用粉色食用画笔围绕大玫瑰模板（参阅模板）绘画。借助一个针状划线器，非常轻地在围绕蛋糕面每间隔5厘米标记上竖直的线。用小玫瑰模板（参阅模板）在每条标好的线上以任意间隔画3朵玫瑰花，每朵花摆放成不同的角度。在每朵玫瑰花上用粉色食用画笔画一个玫瑰漩涡，用模板作为指引。

像主蛋糕一样给玫瑰花上深紫红色（参阅步骤5~6，浪漫的玫瑰帽盒）。给小玫瑰花周围的叶片上云杉绿色，使它们稍稍离开花朵且只用简单的几笔。清洗画刷并用乳白或白色粉剂给白色叶片上色。

当色素晾干，用糖霜酥皮把蛋糕固定在蛋糕板上。在蛋糕两面距盒盖1厘米处压出两个凹陷。将白色花（花瓣、黏胶）膏铺开并切出一个长30厘米宽0.8厘米的长条。捏起两端并用少量食用胶将它们固定到蛋糕上的两个凹陷里。最后在蛋糕板周围包绕一些粉色缎带。（参阅在蛋糕和蛋糕板周围固定缎带）

复古帽子饼干

这些可爱的饼干运用经典复古帽子的外形和风格，并融入更加现代、新鲜的色彩组合，使其锦上添花，成为主要设计的完美补充。

为了制作软沿帽子，首先用暗粉色糖霜酥皮做出发带的轮廓，并用相同颜色填充这一区域（参阅糖霜酥皮饼干）。重复以上步骤来做硬檐帽子，用蓝色糖霜酥皮来填充发带部分。待大约30分钟糖霜晾干一些后，给软檐帽勾出轮廓并填充蓝色，填充硬檐帽以白色。晾约数小时后用相同颜色重复裱一遍装饰。（参阅用糖霜酥皮裱花）

铺开暗粉色花（花瓣、黏胶）膏并用两种尺寸的切刀切出花朵。用脉络棒将花瓣卷起（参阅步骤11，浪漫的玫瑰帽盒）并将它们放在艺术调色盘里稍稍晾干。将小一些的花朵粘到大一些花朵的中心，并放回调色盘至完全晾干。给一些糖霜酥皮上焦糖色，装进裱花袋配以1号裱花管，在每朵花的花心裱6个小点。当晾干后，刷以金色光泽彩料，并用糖霜酥皮将花朵粘到饼干上。

你也需要

- ❧ 饼干（参阅烘焙饼干），使用帽子模板（参阅模板）
- ❧ 糖霜酥皮（参阅糖霜酥皮）
- ❧ 食用色素膏：暗粉色，焦糖色或象牙色，婴儿蓝（食用糖花翻糖色粉）
- ❧ 暗粉色花（花瓣、黏胶）膏
- ❧ 花朵切刀：3厘米，4厘米
- ❧ 脉络棒
- ❧ 艺术调色盘
- ❧ 裱花袋和1号裱花管
- ❧ 洒精调和的金色光泽彩料

缝纫时尚

　　这款经典的缝纫机由工具橱底座、黑色和金色的色彩组合以及棉线轴和蕾丝附属物组成，立刻带我们回到那个年代。它唤起我们对19世纪40年代战争时期英国的想象，那时修修补补被充分发挥，任何事情都是手工制作，且人们不得不制作和修补他们自己的衣服。

　　对蛋糕细致的雕刻和错综复杂的附件，例如按钮、转盘、楔形的压脚和金色光泽的装饰，给了这台缝纫机鲜活的生命。通过把整个过程分成一个个阶段，最终这引人入胜的成果变得非常容易实现。

经典的缝纫机

这款传统的黑色和金色搭配的缝纫机，其制作方法是：先对用固定销做支撑的蛋糕进行细致雕琢，然后用巧克力酱塑形并覆盖以黑色糖膏（*翻糖膏*），最后再加上底板和装饰。

主要材料

✤ 一个边长28厘米的方形海绵蛋糕，4厘米高，由350克混合黄油制成（*参阅经典海绵蛋糕*）

✤ 一定量的黑巧克力和白巧克力酱（*参阅巧克力酱*）

✤ 塑形巧克力：50克黑巧克力，20克白巧克力

✤ 一个46厘米×42厘米的长方形蛋糕（*参阅蛋糕配方*），7.5厘米高并覆盖以焦糖色糖膏（*翻糖膏*）

✤ 糖膏（*翻糖膏*）：750克黑色，30克白色

✤ 一个50厘米×30厘米的长方形蛋糕板，用深木炭棕色糖膏（*翻糖膏*）覆盖并涂满（*参阅给蛋糕板上糖霜*）

✤ 30厘米×15厘米，0.3厘米厚的澳大利亚蛋糕板，提前24小时上好黑色糖膏（*翻糖膏*）以致糖霜也能覆盖蛋糕板的边（*参阅给蛋糕板上糖霜*）

✤ 半量的糖霜酥皮（*参阅糖霜酥皮*）

✤ 花（*花瓣、黏胶*）膏：200克黑色，200克焦糖色，150克灰色，40克白色

✤ 食用色素膏：象牙色或焦糖色，深褐色

✤ 光泽彩料：珍珠白色，金色，银色

✤ 一块"玛利亚的玫瑰"糖纱（*可选的*）（*参阅糖纱的使用*）

主要设备

✤ 两块0.5厘米厚的泡沫塑料板分别用两个模板切割：A和C（*参阅模板*）

✤ 纸，用模板B切割（*参阅模板*）

✤ 实心固定销和空心固定销，都至少12厘米长（*参阅安装分层蛋糕*）

✤ 圆形切刀：8厘米，6.5厘米，4厘米，3.5厘米，2.5厘米，1.5厘米和1厘米

✤ 模子：花饰，掐丝胸针，古风的纽扣

✤ 花瓣切刀：1.5厘米长，细泪滴状，2.5厘米长，薄花瓣

✤ 小的裱花袋（*参阅裱花袋的制作*）和1号，1.5号，4号裱花管

✤ 小孔径的糖枪

✤ 1.5厘米宽棕色、双缎面缎带

✤ 1把外科手术刀

1. 为了制作支撑臂，取28厘米的方形蛋糕，用由模板A（参阅模板）切下的泡沫塑料板选尽可能靠近的地方来切出3块海绵蛋糕，剩余的蛋糕留给下一个阶段使用。将每一块弄平并堆积起来，然后用巧克力酱将它们粘到一起并修剪好。高度约为10厘米。拿模板B放到蛋糕背面的顶部。修剪蛋糕面，在前面自上而下形成一个斜坡。

3. 用巧克力酱将水平臂粘到支撑臂上。测量顶部蛋糕的底面到工作台或底板的距离。将固定销切至这个高度。把细固定销放置在水平臂的一端，把空心固定销放置到水平臂中心的下方来支撑一下（空心固定销之后会被移除掉）。将黑色塑形巧克力软化，并铸型到细固定销的顶部作为缝纫机头。

2. 为了制作水平臂，用一把外科手术刀由模板C在泡沫塑料板的底边小心地切一个斜面。这个不需要在整个边，只在最窄的部分（参阅模板）。用模板切下一块蛋糕，然后只用背面的上2/3来切出第二个层次。将背面修圆磨光，在前面切出一个斜坡，再修圆磨光并雕琢每个面。

贴士

在涂抹蛋糕前确保巧克力酱是准备好的和软的，否则它将会使蛋糕块脱离而不是密封起来。

4. 用一把调色刀，将整个机器表面涂抹巧克力酱并放进冰箱15分钟固型。软化另一些塑形黑巧克力并进一步给缝纫机头塑形。在塑形巧克力外面包裹巧克力酱，然后如果必要，在整个机器外面再涂抹一层巧克力酱以达到一个好的外观效果。将蛋糕放回冰箱15分钟再次固型。

6. 将另一些黑色糖膏（*翻糖膏*）铺开至0.4厘米厚。包裹前面部分，在糖膏（*翻糖膏*）裂开或滴下之前快速地沿水平臂的顶部和缝纫机头将其弄光滑。在机器后部糖膏（*翻糖膏*）的接合部切平整并用手指整理。用一个光滑器去除任何凸起的小块。

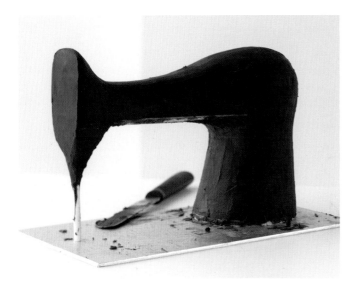

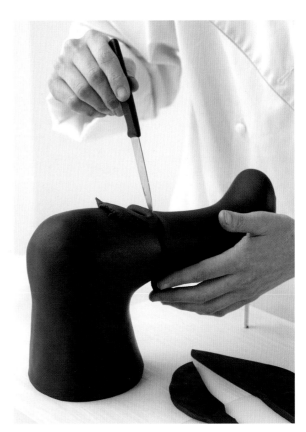

5. 揉搓约375克的黑色糖膏（*翻糖膏*）并铺开至0.4厘米厚。将蛋糕放到油纸上，去除空心支撑固定销并将后面一半用糖膏包裹，用手把糖膏（*翻糖膏*）围绕底板和机器背面，并弄光滑。围绕支撑臂的底部切平整。

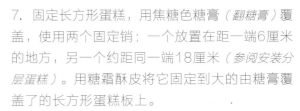

7. 固定长方形蛋糕，用焦糖色糖膏（*翻糖膏*）覆盖，使用两个固定销；一个放置在距一端6厘米的地方，另一个约距同一端18厘米（*参阅安装分层蛋糕*）。用糖霜酥皮将它固定到大的由糖膏覆盖了的长方形蛋糕板上。

8. 用深褐色食用色素膏与水混合，调出不同深浅的2个颜色来给蛋糕和深木炭棕色底板上色。用一个扁平刷在蛋糕上来回扫刷，创造类似亮光漆的效果。没必要给蛋糕顶部或缝纫机将要被放置的地方上色。

9. 将覆盖以黑色糖膏（*翻糖膏*）的薄蛋糕板粘到覆盖以焦糖色糖膏的蛋糕顶部的一端，留一个0.5厘米的缝隙。用糖霜酥皮将缝纫机固定到黑色蛋糕板上。

10. 为了制作平衡轮（*如下面完成的蛋糕图中所示*），铺开20克黑色花（*花瓣、黏胶*）膏至0.3厘米厚。用8厘米圆形切刀切出一个圆盘形，并用6.5厘米和3.5厘米圆形切刀压出两个环形凹痕。用2.5厘米花瓣切刀切出8个泪滴形状，以窄头朝里等距均匀地排列，然后放到一旁晾干。铺开30克的黑色花（*花瓣、黏胶*）膏至0.5厘米厚，并用4厘米圆形切刀切出一个圆盘。放到一旁晾干。

11. 当圆盘晾干以后，用糖霜酥皮将小的厚的圆盘粘到缝纫机的后面。用焦糖色花（*花瓣、黏胶*）膏搓一个长香肠状，直径约0.4厘米且长度足以绕平衡轮一圈。用食用色素膏将其固定到平衡轮上。用糖霜酥皮把平衡轮粘到机器后面的圆盘上。也许需要握住它几分钟直至其固定。

12. 为了制作针架，在白色塑形巧克力里加入微量的黑色花（*花瓣、黏胶*）膏，并薄薄地铺开至约0.1厘米厚，且至少6厘米长。将裸露的固定销包裹围绕，并将顶部和底部多余的花膏修剪掉。用手指整理接合部。用剩余的糖膏搓一个弹珠大小的球然后做成一个圆柱体，用手术刀做一个纵向的狭缝并将其包绕在裹好的固定销顶部。在缝纫机头的底部把花膏塑形成类立方体，并紧密平整地贴合。

13. 为了制作银色的针板，薄薄地铺开一些灰色花（花瓣、黏胶）膏，切一个6厘米×8厘米的长方形，并将两端修圆磨平。用1厘米圆形切刀切出一个小洞，在距圆形边缘的顶端大概1.5厘米的地方。沿洞的底部至长方形的底边切下一刀，将针架包绕并把底边卷曲隐藏在黑色底板的下面，必要的话事先修整好。用同样的方法制作压脚但当然要更小。中间的部分用手术刀切一下，且把两边卷曲向上。

14. 为了制作贴在缝纫机头前面的面板，铺开15克的灰色花（花瓣、黏胶）膏约0.2厘米厚。切出一个3厘米×2厘米的长方形，用尖刀将两端边缘修圆磨平。用刀在糖膏中央切一个不到底的缝隙并用刀背稍稍将其弄宽。用少量食用胶将其粘到机头前面。用1.5厘米切刀切出一个小泪滴形，并用4号裱花管压出一个小的中央孔洞，来制作压脚抬升器。把尖端切平并用食用胶固定到面板的缝隙里。

15. 为了制作压杆和缝纫机头顶部的上拉力按钮，在针板的顶部和脚的后面，用灰色花（花瓣、黏胶）膏搓各种尺寸的小球，稍稍按平并用食用胶粘到机器上。用画刷的一头在压杆的顶部压一个小洞。

16. 用灰色花（花瓣、黏胶）膏切出大约0.3厘米厚的圆盘，来制作转盘前后两个面的装饰。用1.5厘米和1厘米的圆形切刀来做前面，2.5厘米和1厘米来做后面，也就是之前已经用1.5厘米切刀压过凹痕的那个面。

17. 后面的隔室是一块4.5厘米×15厘米铺至0.3~0.4厘米厚的长方形黑色糖膏（翻糖膏），用食用胶固定到位。旋钮则是用两小块灰色花（花瓣、黏胶）膏，一个搓成球形，另一个搓成香肠形，然后按平做成的。

18. 为了制作棉线轴，首先将白色和焦糖色花（花瓣、黏胶）膏各20克混合，来调出象牙色调的花（花瓣、黏胶）膏。铺开至0.3厘米厚，并切出6个2.5厘米的圆盘。用4号裱花管在其中3个圆盘上压出3个小洞。用弹珠大小的象牙色花（花瓣、黏胶）膏搓3个2.5厘米长的圆柱体，并将一端粘到每一个没有孔洞的圆盘中央。

19. 将约5毫升的白色植物奶油揉进白色糖膏（翻糖膏）和20克的白色花（花瓣、黏胶）膏里，软化并放进糖枪。开始围绕棉线轴的圆柱体压出糖膏，并使路径是朝向轴的顶端的。在顶端切断糖膏，必要的话重复这一步骤。留一小量糖膏低垂向下并粘到棉线轴的顶部，将带小洞的圆盘固定在棉线轴顶部。用微量糖霜酥皮将一个线轴固定在缝纫机的顶部，而其他两个固定在蛋糕底座上。用白色花（花瓣、黏胶）膏搓一个小香肠形，然后一头做一个尖端，另一头按成扁平。将它插进缝纫机顶上那个棉线轴的小洞里。

20. 简单地借助将花（花瓣、黏胶）膏压进材料中列出的模具，并用食用胶（参阅模具的使用）固定到位的方法来制作纽扣和装饰细节。纽扣由白色花（花瓣、黏胶）膏撒以珍珠光泽彩料制成。缝纫机上的装饰细节是使用焦糖色花（花瓣、黏胶）膏制成的。先在模具里刷上金色光泽彩料来使它们易于取出且赋予它们传统的金色。通过把糖膏压进胸针模具，然后用2.5厘米切刀切掉中心来制作平衡轮上的装饰。用混合酒精的银色光泽彩料给所有的灰色部分上色并围绕机器底部上金色。

21. 为了制作机器后部一块垂下的蕾丝，用一块"玛利亚的玫瑰"糖纱（参阅糖纱的使用），简单地将它叠起并自然地放置在缝纫机的后面。

贴士

不要把糖枪装得太满，只要能够合理得将棉线轴顶部旋上即可。

棉线轴迷你蛋糕

这款奇特的迷你蛋糕是经典的缝纫机蛋糕中极好的搭配。其是用与主设计里棉线轴近似的方法制成的。

在淡咖啡糖膏（*翻糖膏*）里加入足量CMC（*羧甲基纤维素*）使其变硬（*参阅给糖膏和CMC塑形*），并铺至0.7厘米厚。用8厘米切刀切出顶部和底部两个圆盘。用手指做出一个略微喷溅状的边缘，并用1.5厘米切刀在顶部那块的中心切一个小洞。放到一旁晾30分钟后，将蛋糕以喷溅状边缘朝上固定到底部圆盘上。

将一些白色植物奶油混合进混有微量CMC（*羧甲基纤维素*）的粉色糖膏（*翻糖膏*）里，直到它变软。将它压进糖枪并从棉线轴底部开始围绕线轴压出糖膏。需要在底部放一些食用胶来帮助粉色糖膏从一开始就粘牢。如果中途需要停下重新填装糖枪，则尽量把连接部做整齐。

将棉线轴顶部粘到蛋糕上，使其喷溅状边缘朝下，如果糖膏太干的话用食用胶或糖霜酥皮粉即可。铺开一些象牙色花（*花瓣、黏胶*）膏并切出带有凹槽的环形。从中心切出一个2.5厘米的洞并用3厘米圆形切刀压出一个凹痕。用食用胶把它粘到棉线轴的顶部。至于棕色棉线轴，用棕色糖膏（*翻糖膏*）重复以上步骤来制作。

你也需要

- ❖ 直径5厘米覆盖淡咖啡糖膏（*翻糖膏*）的微型圆蛋糕（*参阅微型圆蛋糕*）
- ❖ 糖膏（*翻糖膏*）：咖啡，粉色，中等棕色
- ❖ 象牙色花（*花瓣、黏胶*）膏
- ❖ 适量白色植物奶油
- ❖ 圆形切刀：8厘米，3厘米，2.5厘米，1.5厘米
- ❖ 3毫米孔径的糖枪
- ❖ 6.5厘米圆槽切刀
- ❖ 适量CMC（*羧甲基纤维素*）

杯状蛋糕

这款吸引人的杯状蛋糕，以主蛋糕设计中的蕾丝、纽扣和棉线轴为特色，它的白色系组合也营造了复古婚礼的主题。

小心地切一块糖纱铺到杯状蛋糕上，但并不一定要覆盖整个表面，必要时可用微量水或食用胶固定到位。用少量糖霜酥皮将纽扣和棉线轴粘上。

你也需要

❖ 杯状蛋糕（参阅烘焙杯状蛋糕），装在银色蛋糕托里，覆以淡咖啡色糖膏（翻糖膏）圆盘（参阅用糖膏覆盖杯状蛋糕）

❖ 一块糖纱（参阅糖纱的使用）

❖ 纽扣（参阅步骤20，经典的缝纫机）

❖ 棉线轴（参阅步骤18~19，经典的缝纫机）

❖ 糖霜酥皮（参阅糖霜酥皮）

经典工艺

当工艺成为一种娱乐形式，艺术和工艺品开始变得流行。如今传统工艺正在回归，人们在资金短缺的时候希望培养一种嗜好，并寻求创造唯一的物件来珍藏。

纸风车是让小孩子着迷的并使人联想到阳光日子的传统玩具，还会联想到海边装饰起来的沙雕城堡和花园里的花盆。我用和折纸同样的方法制作了糖风车，使用了上色的糖膏（*翻糖膏*）和有图案的食用纸。中央的纽扣是用模子快速做出来的，其强化了手工工艺的主题。

漂亮的风车蛋糕

一个缎带装饰的、淡黄色的分层蛋糕为手工风车装饰提供了完美的背景。我使用了两种不同的风格：一个风车形和一个圆风琴形，两个都是用和纸风车一样的方法做成的。食用纸增加了乐趣和装饰性，要么做出适合自己色系的食用纸，正如我所做的一样，要么使用一些市场上找得到的绚丽纸张。

主要材料

✤ 一个直径10厘米的圆蛋糕，9厘米高；一个直径15厘米的圆蛋糕，10厘米高；一个直径20厘米的圆蛋糕，15厘米高；一个直径25厘米的圆蛋糕，12.5厘米高，每一个都准备好并覆盖以淡黄色糖膏（*翻糖膏*）（*参阅给杏仁蛋白软糖和糖膏覆盖糖霜*）

✤ 一个直径33厘米的圆形蛋糕板，覆盖以淡黄色糖膏（*翻糖膏*）（*参阅给蛋糕板覆盖糖霜*）

✤ 花（*花瓣、黏胶*）膏：100克冰蓝色（*食用糖花色粉*），80克橙色，35克白色，30克红色，30克淡绿色，5克淡咖啡色，5克黄色

✤ 玉米淀粉（*可选的*）

✤ 1/4量的糖霜酥皮（*参阅糖霜酥皮*）

✤ 食用纸

主要设备

✤ 10个切好尺寸的空心固定销（*参阅安装分层蛋糕*）

✤ 1.5厘米宽的淡咖啡色、罗缎缎带

✤ 小尖剪刀

✤ 打孔器：3.5厘米圆形和5厘米圆扇形

✤ 纽扣模子，例如素纽扣模子

✤ 1号裱花管（*可选的*）

贴士

你可以用5种不同款式的食用纸或重复用一两种。确保打孔器对食物是安全的。

1. 将4层蛋糕固定并安装到蛋糕板上（参阅安装分层蛋糕）。

2. 在每一层的底边包绕一定长度的1.5厘米宽的罗缎缎带，并用双面胶固定（参阅在蛋糕和蛋糕板周围固定缎带）。

3. 为了制作蓝宝石圆风车，将多半量的冰蓝色花（花瓣、黏胶）膏铺开至0.1厘米厚，并切成12厘米×18厘米的一块。将糖膏短边折叠成风琴褶，每个褶0.6~0.7厘米宽，叠13层即可。

4. 在花（花瓣、黏胶）膏的中央捏紧，从一边将褶打开并用食用胶将它们固定到一起来，构成半个风车。重复以上步骤来做出另一半，然后用食用胶把两个半圆粘在一起。用扇形打孔器从食用纸上切出一个大的扇形边圆盘，并用食用胶粘到风车上。放在一边晾干约2小时。

贴士

快速操作以确保花（花瓣、黏胶）膏不会变干或裂开。可以撒些玉米淀粉来防止糖膏层与层之间粘连起来。

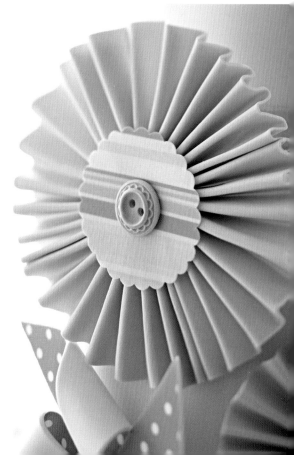

5. 用和蓝宝石圆风车一样的方法做一个橙色风车，将糖膏切至10厘米×14厘米并只叠11次来做大一些的褶。用一个圆孔打孔器从另一张食用纸上切下一个圆盘，并用食用胶粘到风车上。

6. 为了制作白色的风车形风车，首先从一张红色的食用纸上剪下一个14.5厘米的正方形。将白色花（花瓣、黏胶）膏铺开至0.1厘米厚，翻转过来并立刻把食用纸放上去。这样应该没有食用胶也能粘住，但如果没有，就用一点食用胶来固定它。用一把尖刀沿着纸将糖膏的边剪掉。

7. 把正方形拿在手里，在每个角沿对角线剪开，在距中心约1.5厘米的地方停下。

8. 把正方形放回工作台上，将糖膏的一角折向风车的中心。用食用胶固定，并用画刷底端帮助粘牢。重复做4个边，在中心点一个落一个地粘起来。放在一边晾干约2小时。

9. 重复步骤6～8来做其他两个风车。其中一个用12.5厘米橙色的正方形食用纸和红色花（花瓣、黏胶）膏，而另一个则用13.5厘米蓝色的正方形食用纸和淡绿色花（花瓣、黏胶）膏。

10. 用花（花瓣、黏胶）膏和纽扣模子来制作纽扣（参阅模具的使用）。可以用不同的模子来变换样式和纽扣的外形。红色＋橙色的风车形风车配上一个白色纽扣，蓝宝石圆风车和蓝色风车形风车各配上淡咖啡色纽扣，白色＋红色风车形风车用黄纽扣，橙色圆风车则配一个红纽扣。

11. 用一些糖霜酥皮把风车粘到蛋糕上来收尾，用图片作为参考。最后，在蛋糕板周围固定一定长度的罗缎缎带（参阅在蛋糕和蛋糕板周围固定缎带）。

贴士

如果模子不能做的话可以用1号裱花管在纽扣上压出一些小洞。

风车杯状蛋糕

　　这些可爱的杯状蛋糕是来自于*漂亮的风车蛋糕*里的手工工艺风车。尝试选择不同的糖膏颜色和食用纸图案来配合不同的场合。

　　风车杯状蛋糕使用*漂亮的风车蛋糕*里一模一样的技术，用一块边长9厘米的正方形花（花瓣、黏胶）膏和颜色搭配并印好图案的食用纸来制作。简单地在每一块杯状蛋糕顶上加上一个风车。

你也需要

❖ 杯状蛋糕（*参阅烘焙杯状蛋糕*）放入白色纸杯托，覆盖以旋涡状奶油乳酪（*参阅奶油乳酪做顶的杯状蛋糕*）

❖ 风车形风车（*参阅步骤6~8，漂亮的风车蛋糕*）

巧妙的饼干棒糖

缎面缎带的蝴蝶结、五颜六色的纽扣和漂亮的食用纸，这些诱人的饼干棒糖很容易制作且不会剩下很久！食用纸可以使用圆形或扇形边的打孔器来切。

铺开3种不同颜色的糖膏（*翻糖膏*）至大约0.2厘米厚。用切刀从橙色糖膏（*翻糖膏*）上切下一个圆形，从其他两种糖膏上分别切下带波浪的圆形。用食用胶将每一个粘到饼干上（*参阅用糖膏覆盖饼干*）。

使用打孔器和印有图案的食用纸，为波浪圆形饼干切出两个圆形圆盘，为橙色圆饼干切出一个扇形边圆盘。用一些食用胶将它们固定到位，然后粘上一个糖纽扣。最后尝试着把缎带蝴蝶结粘到小棍上，位置在每一块饼干的下方。

你也需要

* 直径7.5厘米烘焙在小棍上的圆饼干（*参阅饼干棒糖*）

* 糖膏（*翻糖膏*）：蓝宝石色，淡黄色，橙色

* 切刀：7.5厘米圆形和6.5厘米波浪边

* 食用纸，一定款式的

* 打孔器：7.5厘米圆形和6.5厘米扇形边

* 纽扣：淡咖啡色，黄色和红色（*参阅步骤6~8，漂亮的风车蛋糕*）

* 1.5厘米宽的缎面缎带，淡咖啡色，白色和淡蓝宝石色的

传统电话机

这款传统的、拨盘电话机是19世纪30～40年代的标志。它以对称的听筒、圆形的拨号盘和倾斜的面与设计师艺术装饰风格完美相称，并提醒我们到如今，我们使用的移动电话通信科技已经进步了很大。

经典的黑色和敦实的外形使这部电话机成为家里真正引人注目的大胆物件。如果为某个特殊的场合想要一些更加明亮的东西，可以加一抹色彩并使用红色糖膏外衣创作这款蛋糕，来给它增添一些女性的格调。

拨盘电话机

这款大胆的黑色拨盘电话机真地非常有效果。它简单的外形很容易从蛋糕上雕琢，听筒是由糖膏（*翻糖膏*）手工做成的。耳和嘴的部分聪明地通过塑形和包裹聚苯乙烯蛋糕模型来制成，由于受重力作用的影响，这些很难用蛋糕来完成。另外的数字拨号转盘和电话绳装饰进一步给设计增添了写实主义效果。

主要材料

- 一块边长18厘米的方形蛋糕（*参阅烘焙蛋糕*）制作3层，共10厘米高（*参阅给蛋糕雕刻和塑形*）。二选一的，也可以用一块边长35厘米的方形蛋糕，烘焙至4厘米高，并切成18厘米×13.5厘米的3块

- 500克巧克力酱或奶油乳酪（*参阅填充和包裹*）

- 30克黑色或白色塑形巧克力

- 1000克黑色糖膏（*翻糖膏*）

- 5毫升CMC（*羧甲基纤维素*）（*参阅给糖膏和CMC塑形*）

- 花（*花瓣、黏胶*）膏：30克黑色，20克白色，20克灰色，35克棕色

- 黑色食用画笔

- 一块直径30厘米的圆型蛋糕板，覆盖以白色糖膏（*翻糖膏*）（*参阅覆盖蛋糕板和蛋糕模型*）

- 45毫升糖霜酥皮（*参阅糖霜酥皮*）

主要装备

- 0.5厘米厚的泡沫塑料板：一块切成18厘米×12.5厘米，一块切成12.5厘米×7.5厘米，一块切成18厘米×2厘米

- 两个直径5厘米、高4厘米高的圆形聚苯乙烯蛋糕模型

- 圆形切刀：8厘米，5厘米，4厘米，3.5厘米，3厘米，1.2厘米

- 两根薄固定销或木签（*可选的*）（*参阅安装分层蛋糕*）

- 1.5厘米椭圆形切刀

- 1.5厘米宽带小白点的黑色缎带

1. 切掉18厘米方形蛋糕的一边使其呈5厘米宽，也可以在35厘米的方形蛋糕上切。用巧克力酱或奶油乳酪把各层像三明治一样叠在一起并把蛋糕粘到18厘米×12.5厘米泡沫塑料板上。

2. 在距蛋糕前面9.5厘米的蛋糕表面中段用小尖刀做一个8厘米的标记。在它后面并垂直做一个3.5厘米的标记。按照标记在表面做出长8厘米、宽3.5厘米的长方形形状。

4. 软化一块弹珠大小的黑塑形巧克力，搓成一个球然后轻轻地压扁。切掉一边并粘到蛋糕顶部长方形边缘的一个角上。再重复这个步骤3次，放到每个角上来做出听筒的支架。揉搓另外两个弹珠大小的球捏成长方块，放到宽边的两个尖角之间，使得听筒可以坐在电话机的上面，而不是紧贴着它。

5. 给蛋糕覆盖黑色糖膏（翻糖膏）（参阅覆盖以杏仁蛋白软糖和糖膏），小心不要将其撕破，尤其是顶部突起的尖角周围。确保糖膏覆盖并遮住底部泡沫塑料板。

3. 用一把大的锯齿刀，雕出电话机的前后两个斜面，在接近两个末端处做一个小平台。把电话机的面雕磨得更加陡峭。当对形状满意了以后，覆盖以巧克力酱或奶油乳酪并放进冰箱固型约20分钟。

6. 取一块18厘米×2厘米的薄泡沫塑料板，并核对它的空间以适于电话听筒，允许每一面有0.3～0.4厘米的空隙。把一些CMC（*羧甲基纤维素*）揉进100克的黑色糖膏（*翻糖膏*），并放到一边数分钟使其变硬。把它捏成和泡沫塑料一样长度的香肠形状，在放到顶部并模成手柄外形之前，用光滑器来做一个平整光滑的外观。放到一边约1个小时使其变硬。

7. 在此期间，将每个圆形聚苯乙烯蛋糕模型雕

一个圆顶形。从圆顶的顶部向下约45度角雕两个平整的斜面，它们应比手柄的宽度略宽，以方便在耳和嘴的部分被包裹后立刻上糖霜。并核实和确保它们与手柄的底面合适。

8. 用黑色糖膏（*翻糖膏*）覆盖两个聚苯乙烯蛋

糕模型（*参阅覆盖以杏仁蛋白软糖和糖膏*）。铺开一些黑色花（*花瓣、黏胶*）膏，长度为上完糖霜的模型周长，并切出两个量约1厘米宽的长条来适合包绕底部。修剪并用食用胶固定到位，保持接缝在倾斜边缘底部的下面。放到一旁晾干约2个小时。

9. 铺开10克的白色花（*花瓣、黏胶*）膏，并用切刀切出一个直径8厘米的圆形。放在一旁稍稍晾干。铺开10克的黑色花（*花瓣、黏胶*）膏至0.2厘米厚，并用8厘米的切刀在中央切下一个圆。然后用3.5厘米的切刀将中心切掉，再用最小的1.2厘米的圆形切刀彼此临近的切出10个小洞，除拨号转盘的边缘之外，在第一个和最后一个数字之间留个空隙。铺开约15克的黑色花（*花瓣、黏胶*）膏至0.4厘米厚，并切出一个直径4厘米的圆形。

10. 把切有数字孔洞的大黑色圆盘放到白色圆盘上并用黑色食用画笔写上数字。把黑色拨号盘拿下来并将白色拨号盘用食用胶粘到蛋糕上，接着粘0.4厘米厚、直径4厘米的黑色圆盘。允许在它们贴到主拨盘之前放1～2分钟。

贴士

需要把耳和嘴部在相应位置上握住数分钟，或在它们刚贴上时用固定销或木签支撑。

11. 铺开弹珠大小的一块灰色花（*花瓣、黏胶*）膏，切出一个直径3厘米的圆并贴到拨号盘的中心。从薄薄铺开的白色花（*花瓣、黏胶*）膏上切一个小椭圆形，固定到灰色圆盘上面并用黑色食用画笔加上一行花体字。

12. 用糖霜酥皮将12.5厘米×7.5厘米的泡沫塑料板粘到准备好的蛋糕板的中央。用额外的一些糖霜酥皮将电话机固定到板子上。用糖霜酥皮贴手柄，如果感觉它比较重或者觉得它可能会沉向蛋糕的话，则可用两块薄固定销或木签来支撑，尤其是在海绵蛋糕比较软或糖霜比较新鲜的时候。在一些黑色糖膏（*翻糖膏*）里加入些CMC（*羧甲基纤维素*），铺开至0.5厘米厚，并切4个量约1.5厘米×2厘米的长方形来做4个脚。用食用胶将它们贴到底板下面的4个角上，然后用糖霜酥皮把耳和嘴的部分粘到听筒的手柄上。把它们放置至少1小时。

13. 为了制作电话绳，把所有的棕色花（*花瓣、黏胶*）膏搓成一个长香肠状，量约0.4厘米宽且至少23厘米长，用光滑器来做一个平整的表面。用食用胶把绳贴到嘴部的末端并把另一头放到同一

边的底下，朝向电话的后面。搓另一长度的绳，放到从电话后面的底下到蛋糕板的后侧边缘，并平整地切下来。

14. 把豌豆大小的灰色花（*花瓣、黏胶*）膏搓成另一个香肠状并压平。切断一端，用食用胶以图示在拨号盘上1和0之间的位置将其贴上去。

15. 薄薄地铺开一些黑色花（*花瓣、黏胶*）膏，切出两个直径5厘米的圆盘，并用一些水或食用胶贴到耳和嘴部分的底面。用2.5毫升的黑色糖膏（*翻糖膏*）混合少量水做成粘浆并装进裱花袋。围绕耳部、嘴部和手柄的连接处裱在任何出现的缝隙里，用潮湿的刷子把粘浆弄平。最后在底板周围固定一些缎带（*参阅在蛋糕和底板周围固定缎带*）。

复古的电话机饼干

这款有趣的饼干是拨盘电话机的完美伴侣。装饰是由糖霜酥皮裱成，且由花（花瓣、黏胶）膏做的拨号盘，用来达到一个完美的圆形外观。对于黑色饼干，用一个1.5号裱花管和深灰色糖霜酥皮在上面裱出轮廓和装饰。（参阅用糖霜酥皮裱花）薄薄地铺开一些白色花（花瓣、黏胶）膏，切出一个直径3厘米的圆形并贴到中心位置。薄薄地铺开一些黑色花（花瓣、黏胶）膏并用同样的切刀切出一个拨号盘。用小孔切刀切出10个数字孔洞，然后将拨号盘固定到位。用象牙色花（花瓣、黏胶）膏切出另一个小圆形，使用的是1.2厘米切刀。最后用1号裱花管在拨号盘上裱上灰色糖霜酥皮的装饰。

重复以上步骤来做象牙色饼干，这一次使用白色糖霜酥皮来裱装饰，象牙色花（花瓣、黏胶）膏来做拨号盘，并在拨号盘中央加上由黑色花（花瓣、黏胶）膏做的圆形。

你也需要

- 做好形状的饼干（参阅烘焙饼干），用模板切好（参阅模板），勾好并覆盖黑色或象牙色糖膏（参阅用糖霜酥皮裱花）

- 裱花袋（参阅裱花袋的制作）和1号裱花管

- 糖霜酥皮：象牙色，深灰色和灰色（参阅糖霜酥皮）

- 花（花瓣、黏胶）膏：白色，象牙色和黑色

- 圆形切刀：3厘米，1.2厘米，小圆孔切刀

经典的迷你电话机蛋糕

这款经典的迷你蛋糕实质上是拨盘电话蛋糕的简化版。奶油色系赋予它高雅的感觉。将前面和各个面塑形，将表面覆盖并放进冰箱固型。然后用焦糖色糖膏（*翻糖膏*）来覆盖。分别用白色和象牙色花（*花瓣、黏胶*）膏切一个直径3厘米的圆盘。用4号裱花管在象牙色圆盘上切10个小洞，然后粘到白色圆盘的上面，标上数字并贴上。切一个直径1.2厘米的象牙色糖膏圆盘，贴到中央位置并加上焦糖色糖膏的装饰（*参阅步骤10~11，拨盘电话机*）。铺开另一些焦糖色糖膏至0.2厘米厚，切一个适合做顶部的长方形并把4个角做圆。至于电话铃，捏两个豌豆大小的球，轻轻压扁并固定好。至于托架，切一个4厘米×0.5厘米的长方形，在两端各切一个半圆形并贴到电话铃上，并将两端翘起。放置晾干。

用焦糖色糖膏搓出一个更长的香肠形，固定在托架上并在两端粘上意大利面条。放置10分钟，用食用胶固定然后再放置1个小时。用象牙色糖膏揉搓并压扁两个弹珠大小的小球作为听筒，粘到意大利面条上。用稀释过的棕色食用色素膏和金色光泽彩料来上色。

你也需要

* 两层蛋糕像三明治一样落在一起，切成边长5厘米的方形并冷冻（*参阅微型方蛋糕*）
* 奶油乳酪或巧克力酱（*参阅填充和覆盖*）
* 浅焦糖色糖膏（*翻糖膏*）
* 圆形切刀：3厘米，1.2厘米
* 4号裱花管
* 花（*花瓣、黏胶*）膏：白色，焦糖色
* 黑色食用画笔
* 意大利面条：2条各2厘米长
* 稀释过的棕色食用色素膏
* 混有酒精的金色光泽彩料

查尔斯顿

19世纪20年代查尔斯顿成为女性间流行的爵士舞蹈，而现在因其层次感而成为人们熟知的魅力四射的服装。查尔斯顿舞者会穿着迷人轻佻的服装配有褶饰边的短裙、有趣的带羽毛的皮毛长围巾和引人注目的羽毛头饰。

我设计了这款分层婚礼蛋糕来体现查尔斯顿服装的有趣与轻佻。它理所当然地引人入胜因其底层漂亮的珍珠修饰；有层次感的、有特定结构的中层；用有褶边的带子、花样胸针和引人注目的羽毛装饰来展现吸引眼球的查尔斯顿头饰的顶层。

难以置信的羽毛蛋糕

羽毛给这款分层蛋糕增添了些许美丽与高雅。无论是傲立在顶层的，还是把中层装饰得有层次感的羽毛，都是由米纸来做成的，赋予它比使用脆的糖霜更柔软的感觉。优雅的糖珍珠串和漂亮的中央胸针制作起来非常简单，可以单纯地把花（花瓣、黏胶）膏压进模具里来制成。以一朵花和有褶边的带子来收尾，这款蛋糕将难以置信的成为女性眼里的焦点，并毋庸置疑地令自己的客人大吃一惊。

主要材料

* 一块直径12.5厘米的圆形蛋糕（*参阅蛋糕配方*），9厘米高；一块直径18厘米的圆型蛋糕，15厘米高；一块直径25厘米的圆形蛋糕，10厘米高，每一块都准备好并覆盖软的灰色糖膏（*翻糖膏*）（*参阅覆盖以杏仁蛋白软糖和糖膏*）

* 一块直径33厘米的圆形蛋糕版，覆盖以淡灰色糖膏（*翻糖膏*）（*参阅给蛋糕板上糖霜*）

* 花（*花瓣、黏胶*）膏；100克白色，100克灰色

* 光泽彩料：酒精混合的深银色、浅银色、珍珠白

* 银色光泽彩料喷雾器

* 半量的糖霜酥皮（*参阅糖霜酥皮*）

* 两张75厘米×40厘米的米纸或同等品

主要设备

* 7个切好尺寸的空心固定销（*参阅安装分层蛋糕*）

* 玫瑰花瓣切刀

* 脉络棒（*Jem；树皮效果*）

* 苹果托盘，模型或模具

* 模具；胸针，珍珠

* 2厘米圆形切刀

* 剪刀

* 裱花袋（*参阅裱花袋的制作*）

* 羽毛模板（*参阅模板*）

* 1.5厘米宽的银色、双缎面的缎带

1. 用固定销把3层蛋糕安装固定到蛋糕板上。（参阅安装分层蛋糕）

2. 首先制作花朵并给予充分的时间晾干。薄薄地铺开一些白色花（花瓣、黏胶）膏，并用玫瑰花瓣切刀切出五个花瓣。用脉络棒在每片花瓣的上面和各边来回地滚动，它的位置应一半在花瓣边缘里一半在边缘外使得花瓣开始卷曲。把每一片花瓣放入一个苹果托盘，稍微凉干。

3. 将微量的白色花（花瓣、黏胶）膏压进胸针模具的珍珠粒里面，然后用灰色花（花瓣、黏胶）膏填满模具剩余的空间（参阅模具的使用）。

4. 铺开少量的白色花（花瓣、黏胶）膏并用圆形切刀切出一个圆盘。给每一片花瓣撒上银色光泽彩料，首先在朝向中心的方向撒上浅银色，然后用深银色朝向尖端，避开花瓣上面卷曲的边缘部分。用食用胶把花瓣固定到白色圆盘上来做成花的最外层，如图所示。

5. 用混合了酒精的银色和珍珠白光泽彩料来给胸针上色。用食用胶把胸针固定到花朵的中心。如果花（花瓣、黏胶）膏太干的话，就用糖霜酥皮，然后把花朵放进模型晾干。用银色光泽彩料给每朵花瓣的卷边上色，只上边缘的最外面的部分即可。

贴士

多做几朵花是一个好主意，
以防有花破损掉！

6. 用米纸切一些长带状来做中层周围的羽毛，每一条量约至少23厘米长和8厘米宽。沿每条带的一边从头至尾切下若干小三角形，每个尖角的位置正好剪到米纸宽度的一半多一点。把每条米纸带平面朝上的放到一张大的油纸上。用一把小尖刀或剪刀的刀片把纸的尖角稍稍地卷起。

8. 将条带翻转过来，拿一个裱花袋在靠近笔直边的地方用糖霜酥皮裱上一条线。用食用胶把它贴到中层蛋糕底部，以致尖角边稍稍向外凸出于底层。如果条带太短不能包裹整个一圈，就加上另一条并使接缝的两头彼此稍稍重叠。加上另一层条带使得末端和上一条不在完全一样的位置。继续叠加层次，直到达到中层蛋糕的顶部，但不要跨过顶部的边缘。

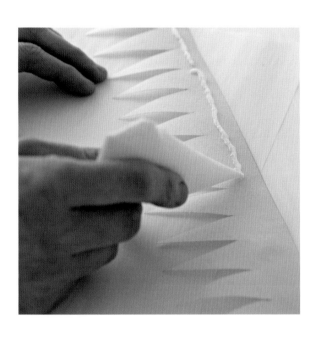

7. 将尖角向上卷起地米纸展开。从笔直的那边向锯齿边喷洒银色光泽彩料，以致颜色向尖角的方向是渐弱的。给所有条带重复以上步骤。需要一条60厘米的条带或两条条带接成60厘米长来包绕一整圈，而装饰这一层需要10~11层条带。

9. 当达到顶部的边缘，从带尖角的条带上剪下笔直的部分，只留下那些三角形。这一次需要把末端向后卷起，使它们可以坐在蛋糕的边缘上。把它们一个一个地粘到蛋糕上，首先是顶部的周围，然后在顶部的上面加上另一层。

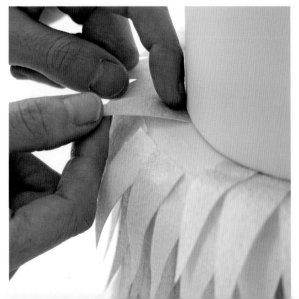

10. 将40克灰色花（花瓣、黏胶）膏铺开成一个长的、薄的长条带状，量约至少50厘米。用尖刀将它切成4厘米宽。将条带放到一块泡沫塑料板上，并用一个球状器将两侧边缘卷起并软化。使糖膏随机地打褶和折叠，然后用刀背沿条带长边的中央压一条凹痕。将糖膏把顶层蛋糕底部包绕，修剪掉多余的部分，并用食用胶固定使接合部藏在后面。

12. 在珍珠模具里刷上一些珍珠白光泽彩料，并将一些白色花（花瓣、黏胶）膏压进模具里（参阅模具的使用）。去掉多余的糖膏，将珍珠取出并用食用胶将它们整齐地粘到底层蛋糕的底部周围。重复以上步骤直到有足够的珍珠绕蛋糕一整圈，然后再次重复来做第二圈。

11. 拿剪刀剪出两片米纸羽毛，用模板（参阅模板）作为指导。将它们对折来打褶，打开并在两片羽毛的中央撒上浅银色和深银色光泽彩料，朝向底部的部分色彩应更浓。在羽毛的两边全程以一定的角度剪出小裂缝。用糖霜酥皮把小些的羽毛粘到大些的羽毛的上面并使它们在顶部稍稍错开。用另一些糖霜酥皮将它们粘到蛋糕的一面上，然后在它们前面固定胸针和胸针中央的糖花。

13. 最后在底板周围固定一些银色的、双缎面的缎带（参阅在蛋糕和蛋糕板周围固定缎带）。

有趣的羽毛迷你蛋糕

米纸羽毛是这款迷人的迷你蛋糕的主要亮点，与易碎的，白色糖膏相反，它仍可以傲然地站立着。中央的胸针是使用一个更小的模具制作的，底部周围那些褶皱的装饰更给它添加了额外的诱惑力。

每块蛋糕底部的褶皱边是使用和主设计方案里顶层蛋糕同样的方法来制作的（*参阅步骤10，难以置信的羽毛蛋糕*），只是尺寸小一些。在前面轻轻地捏起褶皱。用和主蛋糕一样的方法来制作羽毛（*参阅步骤11，难以置信的羽毛蛋糕*）。将它们粘到蛋糕的前面，把尖端卷到褶皱的带子后面。将一些白色的花（*花瓣、黏胶*）膏压进胸针模具里，并把它取出稍晾干。用一些糖霜酥皮，如果糖膏仍然有些软的话用食用胶，将它粘到羽毛的前面。

你也需要

- ✿ 直径5厘米的圆形迷你蛋糕，覆盖以淡灰色糖膏（*参阅迷你圆蛋糕*）
- ✿ 花（*花瓣、黏胶*）膏：灰色，白色
- ✿ 羽毛模板（*参阅模板*）
- ✿ 食用胶或糖霜酥皮
- ✿ 胸针模具

珍珠和花瓣杯状蛋糕

这款精致的杯状蛋糕取材于主蛋糕的花朵，来创造别致和时髦的气息。中央部分的胸针和珍珠的装点更给这款设计增添了典雅的气质。

用一些糖霜酥皮把花朵固定到杯状蛋糕上。用食用胶将一串软珍珠贴到糖膏（翻糖膏）的边缘周围，使它们坐在杯状蛋糕托的顶上，挡住杯托的巨齿边。

你也需要

❈ 杯状蛋糕（参阅烘焙杯状蛋糕）放到银色杯托里，顶部覆盖灰色糖膏（翻糖膏）圆盘（参阅用糖膏覆盖杯状蛋糕）

❈ 糖霜酥皮（参阅糖霜酥皮）

❈ 以胸针为心的花朵，由3厘米花瓣切刀和用宝石胸针模具做的小号的珍珠胸针制作而成（参阅步骤2~5，难以置信的羽毛蛋糕）

❈ 白色糖珍珠（参阅步骤12，难以置信的羽毛蛋糕）

古老的时钟

　　这款豪华的、历史悠久的壁炉摆钟，一定曾在19世纪30年代壁炉架上骄傲地摆放着。复杂的装饰、大胆立体的色彩以及对称的线条和造型均浮现出艺术装饰风格时期的特点。

　　在实际操作时比想象中要简单：那些很棒的装饰是用黑色食用画笔画上去的，丰富的装饰则是简单地用模具制成。天然的棕色、金色和象牙色系是非常成熟的，加上一些浅棕色甚至一些暗粉色的使用。使这款设计营造出一个柔和的气氛。

壁炉上的时钟杰作

这款华丽的、19世纪30年代样式的壁炉上的时钟是男性生日或庆祝活动中绝佳的中央摆设。雕刻好的各层蛋糕创造了时钟本身，时钟表面和装饰用糖霜来制作，托起蛋糕的底板则聪明地来自覆盖好的聚苯乙烯模板。蛋糕表面吸引人的装饰，是简单地运用一个模具的不同方法来创作不同的设计，同时使用另一个模具来做赏心悦目的复杂提手。

主要切料

❖ 一块边长30厘米的方形蛋糕，大约4厘米高，用450克黄油和面粉混合烘焙（参阅*蛋糕配方*）

❖ 两块12厘米×8厘米，0.3厘米高的澳大利亚蛋糕板，用糖霜酥皮粘在一起并覆以象牙色糖膏（翻糖膏）（参阅*给蛋糕板上糖霜*）

❖ 9厘米×21.5厘米，1厘米高泡沫塑料板，覆以巧克力调味酱或深棕色的糖膏（*翻糖膏*）

❖ 一定量的巧克力酱（参阅*巧克力酱*）

❖ 750克巧克力调味的或深棕色糖膏（*翻糖膏*）

❖ 花（*花瓣、黏胶*）膏；30克象牙色，10克深黄色，100克深棕色，15克黑色，75克焦糖色

❖ 1/4量的糖霜酥皮（参阅*糖霜酥皮*）

❖ 黑色食用画笔

❖ 金色光泽彩料

主要饰品

❖ 19厘米×6厘米×1.8厘米聚苯乙烯模板

❖ 6厘米×13厘米×0.5厘米泡沫塑料板

❖ 直径12.5厘米的圆形蛋糕版或切刀

❖ 圆形切刀：8厘米，7厘米，3.5厘米，0.7厘米

❖ 维多利亚时期的小饰物切刀或模板（参阅*模板*）

❖ 模具；花饰，金银丝工艺品模具

❖ 时钟底座模板（参阅*模板*）

❖ 1.2厘米宽的象牙色或婚纱白、双缎面缎带

1. 用少量水将聚苯乙烯模板的各个面弄湿，并将它放到油纸或硅胶纸上面。将200克的巧克力调味的或深棕色的糖膏（翻糖膏）铺开至至少18厘米长且0.3厘米厚。切成条带状并用于覆盖聚苯乙烯模板的各个面，用一把尖刀去掉多余的部分，并抹平成一个平整光滑的表面。用糖霜酥皮将它固定到蛋糕板的中央然后粘上覆盖好的泡沫塑料板。

2. 从边长30厘米的方形蛋糕的一角用12.5厘米

的蛋糕板或切刀切下一个圆形，并切成两半。切出另外3块蛋糕，每块量约12.5厘米×6厘米×11厘米。安装到泡沫塑料板上并用巧克力酱来将它们粘到一起。首先把3层长方形粘在一起做底座，然后把两个半圆背靠背夹心涂层粘到一起，并贴到其他3层的顶部。给整个蛋糕覆盖巧克力酱并放进冰箱固型（参阅分层，填充和准备）。

3. 将糖膏（翻糖膏）的一半铺开至0.4厘米厚。分别覆盖时钟的前面和后面。一旦铺到蛋糕上则

马上按外形来修剪糖膏（参阅覆盖以杏仁蛋白软糖和糖膏）。进一步将350克糖膏（翻糖膏）铺开至至少50厘米×9厘米，并再一次覆盖蛋糕的顶部和各个面，剪掉多余的糖膏。

4. 用8厘米切刀在距蛋糕前面顶部3厘米的下方，将一个圆形的糖膏切下。

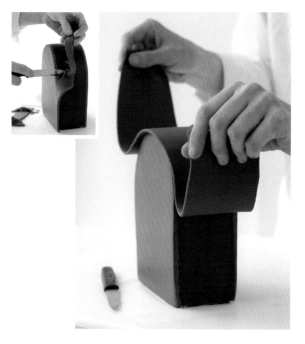

5. 将象牙色花（花瓣、黏胶）膏铺开至0.1厘米厚，用8厘米切刀切下一个圆形盘，并把这个圆盘糖膏放到一边稍稍晾干。在这期间，用糖霜酥皮把蛋糕固定到覆盖好的泡沫塑料底板上。

6. 用一些CMC（羧甲基纤维素）与150克的糖膏（翻糖膏）混合直到它变得非常硬（参阅给糖膏和CMC塑形）。将糖膏铺开至1厘米厚并用小饰物切刀或模板来切出时钟两侧的零件（参阅模板）。把每一块从中间切成两半，并用食用胶将它们背靠背填充夹层地粘到一起，把接合部弄平整并尽可能地隐藏起来。把每一块沿底边切平整，然后放到一边稍稍晾干。重复以上步骤再做一块当它门足够硬到不会变形，用食用胶将它们粘到板子上蛋糕的两侧。

宽度（9厘米）；高度应与象牙色蛋糕板和裸露的泡沫塑料板的顶部之间的距离相匹配。从象牙色蛋糕板到泡沫塑料板顶部留出2厘米距离来将它彻底地遮盖起来。用时钟底座模板（参阅模板）来切前面和后面，并放到一边晾干直到它们不会变形。一旦它们十分硬，则将各个面固定到棕色模板上。

贴士

当准备底部形状的时候，首先量下自己蛋糕的长度，因为可能需要根据它来稍稍调整，以使用合适的尺寸。

7. 将85克的深棕色花（花瓣、黏胶）膏铺开至0.2厘米厚、23厘米长。将它切成3个条带形，每一个量约3厘米宽。用其中一个条带用来切底板的两个宽面。将每个面切至时钟棕色底板的

8. 为了装饰时钟的钟面，首先将直径7厘米的圆形切刀放到上面，用黑色食用画笔画出轮廓，并裱上12条等距的小线来表示12个小时。薄薄地铺开深黄色花（花瓣、黏胶）膏，用圆形切刀切出一个直径3.5厘米的圆形，并用食用胶贴到时钟钟面的中央。用食用画笔整齐地写上数字并在中央圆盘上签上名字。

9. 薄薄地铺开黑色花（花瓣、黏胶）膏并切出3

根细指针：2厘米长的时针，3厘米长的分针和4.5厘米的秒针。用小圆形切刀压出两个直径0.7厘米的圆盘，并用4号裱花管再压出两个。如图所示用食用胶把它们固定到时钟钟面上。首先把0.7厘米圆盘粘到中央，压住3根指针。将一个0.7厘米圆盘在靠近时针末端的地方粘上。最后固定一个小圆点到分针上，并把最后一个贴到时钟钟面的中央。

10. 时钟外面四周的棕色装饰是用花饰模具来做成的。可以用一些白色植物油来涂抹模具。将微量的深棕色花（花瓣、黏胶）膏压进模具小的那一端，取出并在球体逐渐变细的地方修剪。用模具的两端重复以上步骤，直到有足够的材料来装饰整个蛋糕的四周。用另一些糖膏来搓豌豆大小的小球，并粘到时钟中央的顶部。用食用胶把模好的部分贴满整个顶部和两个侧边。

11. 时钟钟面周围的模塑仅仅是用模具里的一个卷轴做成的。每一个形状紧挨着下一个，沿着时钟周围的方向。首先把大量金色光泽彩料刷进模具（参阅模具的使用），然后将焦糖色花（花瓣、黏胶）膏压进卷轴较粗的，靠近中心的的部分。将糖膏取出并把每个末端修剪好。重复以上步骤

来做出总共7块，并用食用胶将它们围绕时钟钟面周围固定好。

12. 为了制作抽屉，铺开剩下的花（花瓣、黏胶）膏至0.3厘米厚，然后用尖刀切出一个8.5厘米×3厘米的长方形。用食用胶固定到蛋糕上面。

13. 为了装饰抽屉，在金银丝工艺品模具里的钻石形状部分刷上金色光泽彩料，然后压进一些焦糖色花（花瓣、黏胶）膏（参阅模具的使用）。将它取出并用食用胶固定到抽屉的中央。用焦糖色花（花瓣、黏胶）膏，搓出两个小球和一个量约6厘米长的细香肠形状。将香肠卷曲成圆形来做成把手形状并晾干。当它变得非常硬，用食用胶将它贴到抽屉上面的模塑上，并在把手的两端固定两个小球。

14. 最后在底板周围固定一些象牙色缎带（参阅在蛋糕和蛋糕板周围固定缎带）。

古老的怀表杯状蛋糕

一个简洁的、翻糖工艺的怀表盛大地装点着这个奢华的巧克力，巧克力奶油乳酪做顶的杯状蛋糕使得人们总愿意腾出时间来欣赏它。

将弹珠大小的一块焦糖色花（花瓣、黏胶）膏铺开至0.2厘米厚，并用4.5厘米的切刀切出一个圆形。薄薄地铺开一些象牙色花（花瓣、黏胶）膏，用3.5厘米切刀切出另一个圆盘并用食用胶粘到焦糖圆盘的中央。

揉搓另一些焦糖色花（花瓣、黏胶）膏成量约15厘米长0.3厘米厚的香肠形状，然后修剪并将它粘到钟表表面的四周。

搓一个小香肠状，稍稍压扁并修剪成2.5厘米长。包绕过来并围绕钟表表面的顶部糖膏结合部的地方。用另一些花（花瓣、黏胶）膏搓一个小圆柱形，用画刷的底部在每一面压出小洞并粘到表的顶部。用食用画笔描绘钟表表面的细节。在放到奶油乳酪做顶的蛋糕上以前，用金色光泽彩料给焦糖色糖膏上色，并放到一旁晾干。

你也需要

❖ 巧克力杯状蛋糕（参阅烘焙杯状蛋糕）装在棕色金属箔杯托里，并用巧克力奶油乳酪做螺旋状顶（参阅奶油乳酪做顶的杯状蛋糕）

❖ 花（花瓣、黏胶）膏：焦糖色的，象牙色

❖ 黑色食用画笔

❖ 圆形切刀：4.5厘米，3.5厘米

❖ 金色光泽彩料

经典的时钟饼干

这些华丽的怀表饼干时尚地呼应了主蛋糕设计的主题，并成为给男性朋友的绝好礼物。

将大弹珠大小的一块焦糖色糖膏（*翻糖膏*）铺开至0.2厘米厚，切出直径8厘米的圆形，并用微量水贴到饼干上。薄薄地铺开一些象牙色花（*花瓣、黏胶*）膏，用6厘米切刀切出另一个圆盘并贴上。用5.5厘米和3厘米切刀压出两个圆形，然后用食用画笔画上细节。

用*古老的怀表杯状蛋糕*章节中相同的方法来做钟表表面周围的金色装点和顶部细节。用焦糖色花（*花瓣、黏胶*）膏搓一个非常细的、5厘米长的香肠形，然后使其弯曲成圆形直到它开始变硬。用食用胶将两端贴到钟表上使它们嵌入凹槽内。可以先在圆环下压一些纸巾直到它可以保持住它的形状。

切出3个细黑色花（*花瓣、黏胶*）膏把手和一个小的中央球并用食用胶固定。最后用金色光泽彩料在焦糖色糖膏上上色。

你也需要

* 直径8厘米圆形饼干（*参阅烘焙饼干*）
* 焦糖色的糖膏（*翻糖膏*）
* 花（*花瓣、黏胶*）膏：焦糖色，象牙色
* 黑色食用画笔
* 圆形切刀：8厘米，6厘米，5.5英寸和3厘米
* 金色光泽彩料

50年代的裙子

　　我绝对钟爱19世纪50年代女性的裙子款式；一个饱含女性柔美和知性的女性剪影的时代，以锥状衬裙和短裙、突出的胸围、纤细的腰部和圆形的肩部线条为特点，颜色大胆且用大缎带蝴蝶结、有褶饰边的花朵和镶褶边的蕾丝袖子来装饰。在服装模特身上来做时髦红裙的设计是多么的有趣。短裙是由雕刻和吊装蛋糕来完成，同时躯干和装饰是用糖霜加工而成。我爱大胆添加缎带蝴蝶结和漂亮的珍珠串，女孩子们可能会更加渴望！

打扮光鲜

这是我设计过的需要在安装时借助一些建筑构造工作的蛋糕之一！短裙是由蛋糕做成的，在泡沫塑料板顶部雕琢，覆盖以红色糖膏（翻糖膏）并用一个螺纹杆、螺母和垫圈来吊装。躯干简单地用凝固塑形的糖膏做成，并用花（花瓣、黏胶）膏来做时髦的装饰。聪明地将支杆用模成穹顶状的巧克力做伪装，来做成一个站立的人体模特。

主要材料

❀ 糖膏（翻糖膏）：700克非常淡的灰色，500克红色

❀ 黑色食用画笔

❀ 一个直径20厘米的圆形蛋糕（参阅蛋糕配方），12.5厘米高，分割成3层（参阅分层，填充和准备）

❀ 一定量的巧克力酱和奶油乳酪（参阅填充和覆盖）

❀ 100克黑色塑形巧克力

❀ 145克肉色模塑好的加入CMC（羧甲基纤维素）的糖膏（翻糖膏）（参阅给糖膏和CMC塑形）

❀ 花（花瓣、黏胶）膏：50克红色、黑色、弹珠大小的白色

❀ 黑色食用色素膏

❀ 珍珠白光泽彩料

❀ 微量的纯酒（或色素稀释液）

主要设备

❀ 直径30厘米的圆形蛋糕垫

❀ 电钻

❀ 长22厘米直径1厘米的带螺纹的杆

❀ 3个螺母，3个垫圈：直径4厘米，所有都与1厘米直径的螺纹杆相匹配

❀ 7.5毫米圆形切刀

❀ 直径30厘米圆盘，切自1厘米厚的泡沫塑料板（适合放在蛋糕垫的下面）

❀ 胶枪或强力胶

❀ 0.5厘米泡沫塑料板，用于裙子模板（参阅模板），切好形状

❀ 木签

❀ 15厘米圆形蛋糕模型

❀ 一块切好尺寸的空心固定销（参阅安装分层蛋糕）

❀ 2.5厘米红色缎面缎带

❀ 1.5厘米带波尔卡白点的黑色缎带

1. 在30厘米的圆形蛋糕垫中央钻一个1厘米的洞。将螺纹杆的一端插入直到穿过底部0.7厘米的位置。在蛋糕垫的两侧放上垫圈，紧接着安上两个螺帽并拧紧，将螺纹杆固定在蛋糕垫上。在螺纹杆上距离板大约9.5厘米的地方拧上第3个螺帽，然后套上最后一个垫圈。

2. 用食用画笔在30厘米泡沫塑料板的中央围绕圆形切刀画一个圆，并用手术刀切掉一个洞。给胶枪加热并在蛋糕垫下面粘上泡沫塑料板。如果泡沫塑料板超出蛋糕垫的边缘，则用刀切掉任何多余的部分使两块板完全齐平。

3. 铺开淡灰色糖膏（*翻糖膏*）至约0.4厘米厚，尝试着维持一个圆形形状。在糖霜中央从边缘向内切一道裂缝，然后小心地将糖霜挪到蛋糕垫上，并包绕中央杆的周围。迅速将糖膏（*翻糖膏*）在裂缝处连接到一起，用手指捏合，然后弄平整，最后覆盖整个蛋糕板（*参阅给蛋糕板上糖霜*）。

4. 用一把金属尺在糖膏（*翻糖膏*）上等距地压出5条横跨蛋糕板的平行的凹槽。在蛋糕板的中央时，需要在中央杆的两侧分别压出凹槽。放到一边晾干约2小时。

贴士 ••• ⋈ •••

当使用胶枪时，需要在胶开始变干之前迅速地操作。

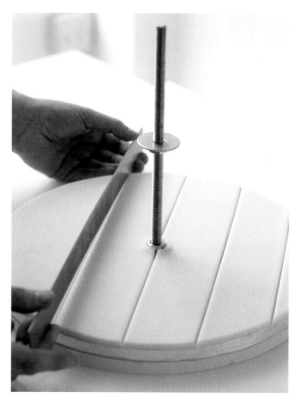

5. 用手术刀在做好形状的0.5厘米泡沫塑料板中央切一个小洞。它需要至少1厘米大，但不要太大，使螺纹杆刚好可以穿过。将3层蛋糕一个摞一个地用一薄层巧克力酱或奶油乳酪粘在一起并将木签从小洞里插入穿到蛋糕层里。将它上下翻转放到蛋糕模型上，并将木签向下穿过整个蛋糕，插进蛋糕模型来使其固定。

6. 用一把大锯齿刀慢慢地雕琢裙子的形状。裙子的顶端也就是躯干开始的地方应成尖角形。当裙子开始慢慢成型，在泡沫塑料板模型向内凹陷的地方雕出褶皱。继续雕琢直到刚好到达泡沫塑料板边缘的上面。

7. 将少量塑形巧克力软化，并压到泡沫塑料板上裙子的底部来做出围绕裙褶的连续的边。用调色刀给整个裙子涂抹上巧克力酱或奶油乳酪（参阅巧克力酱）。将蛋糕放进冰箱一小会来固型。

贴士

当转运蛋糕时，最好让它在蛋糕模型上完全装饰好以后，再小心地将它站立在合适的场合。

8. 将蛋糕从冰箱里取出。铺开红色糖膏（翻糖膏）至0.4厘米厚并覆盖裙子，允许糖霜从边缘垂下。用一把手术刀或尖刀，在糖膏（翻糖膏）周围，沿底板的下面切割。用手指将糖膏（翻糖膏）轻轻地捏起并塑形，来给裙子一些动感。

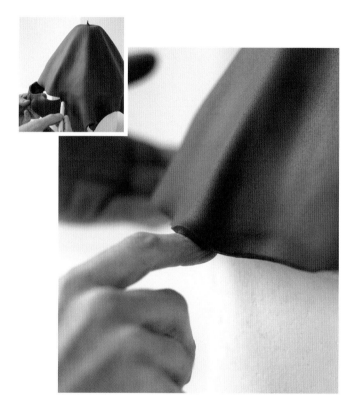

9. 为了制作躯干，首先把所有模好的肉色糖膏搓成一个球状。将一端稍稍压扁，用手心来做腰部，然后用工作台面来做一个平整的底座作为躯干的底部。在另一端更用力地挤压来做颈部，并轻轻压平来做肩部，之后小心地捏出胸围。尽量快速操作应在糖膏变干开裂之前获得初始的形状。之后小心地用手指来修整，直到满意于最后的造型。用一把小尖刀在颈部水平地切断然后将躯干放到一边晾干。

10. 用大量水稀释少量的黑色食用色素膏，并用一把扁平画刷刷到上好糖霜的蛋糕板上。试着不要让糖霜太湿，并确保有足够深的颜色覆盖凹槽使它们看起来相当的黑。

11. 在螺纹杆的顶部紧紧地但薄薄地包裹透明薄膜（塑料薄膜），向下直到螺帽和垫圈。去掉木签，并量好切下一段空心固定销放到裙子里面。将蛋糕从模型上抬起，并非常小心地向下立起，使包裹好的金属杆穿过泡沫塑料板上的洞并进入蛋糕里的空心固定销。

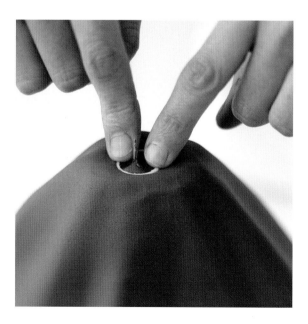

12. 用食用胶将躯干粘到裙子上。将大约25克的红色花（花瓣、黏胶）膏薄薄地铺开成一个5厘米的宽带状。在中央切一个"V"字形，来覆盖胸部。需要拿起糖霜并持续与躯干比对，来确保它适合胸围的造型。

贴士

可以在裙子和躯干之间粘一根鸡尾酒棒，以帮助保护躯干部位。

14. 薄薄地铺开20克的黑色花（花瓣、黏胶）膏至10厘米长，并切出3~4个0.7厘米的宽条带。将其中一条包裹腰部，修剪并用食用胶固定。至于蝴蝶结，拿另一条黑色花（花瓣、黏胶）膏条带并切成7厘米长。在中间和两端捏在一起，然后将中间的上下朝中间叠起并用少量食用胶固定好。切一条长2.5厘米条带来包绕并固定到蝴蝶结的中心。再切两条长约7厘米的条带来做尾部的部分，将一端捏起并将它们一起粘到裙子一侧的黑色带子上。以一定角度给尾部切出斜面。

13. 包裹躯干并在后部裹起末端，修剪以使它们合适并用食用胶固定到位。需要围绕腰线修剪糖膏（翻糖膏）的底边，以使它不会与裙子过多重叠。

15. 薄薄地将剩下的黑色花（花瓣、黏胶）膏铺开成一条细长的条带，并切出任意长度，大约1.5厘米宽的片段。用球形器和泡沫垫使一边卷起然后小心地用食用胶将这些片段粘到裙子的底边上，使褶皱的边缘从红裙边的下面轻轻地垂下。

16. 切一小条黑色花（花瓣、黏胶）膏来从上至下贴在裙子后面。用非常少量的食用胶固定4个用小红色糖膏（翻糖膏）球做成的纽扣。

19. 为了做站立部分的顶部，用塑形巧克力搓一个大豌豆大小的球，将它压成扁平并贴到颈部的顶上。将另外少量塑形巧克力搓成一个球，做一个底部扁平而非尖端的圆锥体并固定到顶部。

20. 为了制作珍珠项链，用白色花（花瓣、黏胶）膏搓25个小球，每个直径量约0.15厘米。用食用胶固定到位，然后涂以光泽。在底板周围固定一定长度的红色缎带和带波尔卡白点的黑色缎带（参阅在蛋糕和蛋糕板周围固定缎带）。

17. 为了遮盖站立部分的底部的金属，将弹珠大小的一块黑色塑形巧克力薄薄地铺开，至与蛋糕垫上裸露的螺帽和裙子底边之间距离一样的长度。切至3厘米宽并包绕螺纹杆，在后面连接好。用手术刀将多余的部分修剪掉，并用手指将切边贴合好。

18. 为了制作站立部分底部的穹顶，用黑色塑形巧克力搓一个40克的球，并在工作台上压扁。从中央向外侧做一个笔直的切口然后包绕到支撑杆的周围，将结合部放置到后面。当固定到位后粘合切口，并重新给穹顶塑形。

你也需要

❖ 直径7.5厘米圆形，6厘米高的海绵蛋糕或巧克力蛋糕（参阅蛋糕配方），垂直地切成两层

❖ 巧克力酱或奶油乳酪（参阅填充和覆盖）

❖ 黑色糖膏（翻糖膏）

❖ 裙子的前面、后面和袖子模板（参阅模板）

❖ 花（花瓣、黏胶）膏：红色，棕色，深灰色

小黑裙

这款小黑裙迷你蛋糕是主设计别致的供替代的选择，用红色缎带蝴蝶结和衣架漂亮地装饰着。用和打扮光鲜蛋糕一样的方法来雕琢短裙，这一次用薄的花（花瓣、黏胶）膏片段来做顶部。

用巧克力酱或奶油乳酪来把两层蛋糕填充夹层地粘在一起。用一把小的锯齿刀来雕琢短裙的外形，把裙褶雕得尽量自然（参阅步骤6，打扮光鲜）。顶部应做成扁平状，略微呈椭圆形。用巧克力酱或奶油乳酪包裹整个外层，并在上黑色糖膏（翻糖膏）之前放进冰箱稍稍冷冻一下。

搓一个豌豆大小的黑色糖膏（翻糖膏）球，用黑色糖膏（翻糖膏）固定到蛋糕的顶部。将球稍稍压扁并把它模化成延续腰部线条的形状。铺开另一些黑色糖膏并用模板来切前后两个面，必要的话微调模板来适合蛋糕的尺寸。将前后两个面粘到糖膏（翻糖膏）球的周围并将两面贴合在一起，留出顶部。

至于袖子，使用模板或切两个小的长方形，在每一个袖子的一面上雕琢。将其对折，用食用胶粘贴并固定到位，将连接处做光滑，放到干燥。用棕色花（花瓣、黏胶）膏搓一个非常细的香肠形，让其稍稍变硬。当接近干的时候，把每一端粘到袖口里面。用灰色糖膏（翻糖膏）搓一个小球和挂钩并用食用胶固定到衣架上。

时髦的裙子饼干

本品有助于开拓内在时尚设计灵感并享受在饼干上创作漂亮裙子的乐趣。可以轻松地用同一个切刀尝试不同的风格，并在初始的切割后使用更多的面团在颈部和肩部的线条处调整造型。

用白色或上了红色的糖霜酥皮来淹没饼干和突出轮廓（参阅*流动状态的糖霜*）。"嵌入"小点（参阅*用糖霜酥皮裱花*）达到斑点裙的效果。糖霜变干后，用1号裱花管裱上接缝装饰。用尖刀从黑色花（花瓣、黏胶）膏上切下衣领和蝴蝶结，并用花形切刀切下一朵小花。用食用胶固定到裙子上的相应位置。

你也需要

- ❖ 饼干（参阅*烘焙饼干*）用花俏裙子饼干切刀切好，然后徒手再切一次
- ❖ 糖霜酥皮（参阅*糖霜酥皮*）
- ❖ 红色食用色素膏
- ❖ 黑色花（花瓣、黏胶）膏
- ❖ 花形切刀，尖刀
- ❖ 裱花袋和1号裱花管

配方和技巧

蛋糕配方

人们希望自己的蛋糕不仅美观而且美味，所以总要选质量最好的食材来保证其最佳的味道。每次选择在比最终尺寸大2.5厘米的饼模里烘焙蛋糕，来达到最专业、外皮自由膨胀的效果。下面图表中所列出的尺寸和用量可以做出约9厘米高的蛋糕。对于薄蛋糕或者迷你蛋糕，用更小一些的量（*参阅迷你蛋糕*）。

用杯子测量

如果你喜欢用美国杯子来测量，请用下面的转化方式。

液体

1茶匙=5毫升

1汤匙=15毫升

（或澳大利亚的20毫升）

1杯=240毫升/8液量盎司

奶酪

1汤匙=15克/盎司

2汤匙=25克/1盎司

1杯/2条=225克/8盎司

面粉

1杯=125克/4盎司

葡萄干（金色葡萄干）

165克/5盎司

精制白砂糖（细粒）/红糖

1杯=200克/7盎司

糖霜（糖粉）

1杯=125克/4盎司

准备蛋糕饼模

准备蛋糕饼模非常重要的是，在将蛋糕混合物加入和烘焙之前，要抽出时间将饼模底部和各个面铺好。这样可以防止蛋糕粘连。

1. 在饼模内涂上少许融化的黄油或葵花籽油，以帮助纸粘好并牢牢地固定在饼模里不会翘起。

2. 至于圆蛋糕，为了铺底部，把饼模平放在一张油纸或烘焙（羊皮）纸上，并用食用笔来围绕它画线。用一把剪刀，沿线的内测剪使圆环正好是合适的并备用。用纸剪一个至少9厘米宽的长条带，将一侧长边向内折入约1厘米并将折痕压实，然后打开。从靠近折痕的边缘测向内剪一些切口至距折痕2.5厘米的地方。将长条带围绕饼

模内部放进去，折痕塞进底边，然后放入圆环并向下弄平整。

3. 至于方形蛋糕，在饼模顶部平放一张油纸或烘焙纸。剪一个每边7.5厘米与它重叠的正方形。在两个对边分别剪一个切口。将纸压进饼模并把各瓣折起来。

蛋糕分块参考

下表所示的是不同尺寸的蛋糕可以分出多少块。这里指出的块数是基于每一块都是边长2.5厘米高厚9厘米的方形蛋糕。由于水果蛋糕更厚，所以可以考虑切成更小的块。

尺寸（厘米）	10		13		15		18		20		23		25		28	
外形	圆形	方形	圆形	方形	圆形	方形	圆形	方形	圆形	方形	圆形	方形	圆形	方形	圆形	方形
块数	5	10	10	15	20	25	30	40	40	50	50	65	65	85	85	100

经典的海绵蛋糕

为了制作真正轻的海绵蛋糕，把混合物分到两个饼模里可以达到最理想的效果。如果想制作3层蛋糕，可将混合物分成1/3或2/3。为了要更小的蛋糕，也可以从一块大正方形蛋糕上切出3层海绵蛋糕。例如，一个15厘米的圆形蛋糕能从30厘米的正方形蛋糕上切下来（*参阅注解（在图表上方）和分层，填充和准备*）。

贴士

在做蛋糕前，要确保奶酪和鸡蛋都
在室温下。

1. 将你的烤箱预热到160℃或3档，并准备好饼模（*参阅准备饼模*）。

2. 在一个大的电子搅拌器里，把奶酪和糖打在一起直至变白和松软。渐渐加入鸡蛋，每一次加料都打匀，然后加入调味料。

3. 筛好面粉，加入混合物并非常小心地搅拌直到融合。

4. 将碗从搅拌器上挪下，并用抹刀把混合物慢慢地合拢起来。把混合物倒进准备好的饼模，并用调色刀或勺子背来铺开。

5. 在烤箱里烘烤，直到蛋糕中央插进一根竹签拔出来时无任何粘连物。烘烤时间根据烤箱的不同而有所变化。在20分钟后检查小蛋糕、40分钟后检查大蛋糕。

6. 放凉，然后用保鲜膜（*塑料薄膜*）把蛋糕包裹好，放进冰箱直到可被使用。

更高的蛋糕

　　至于更高的蛋糕，可以简单地用配方的一倍半来烘焙。如果只有一对饼模，那么可能需要分两批来做。将蛋糕稍稍放凉再取出，并用混合物重新填充饼模。

保质期

　　海绵蛋糕必须提前24小时做好。如果第2天用不到的话可将海绵蛋糕冷冻起来。在经过1~2天分层和覆盖蛋糕的过程之后，最终的蛋糕应该能在冰箱外最多放3~4天。

注解：如果从一块大的方形蛋糕上切下3层：做15厘米的圆形蛋糕，要在一个30厘米方形饼模里烘焙8个鸡蛋或400克奶酪等的混合物；做13厘米的圆形或方形蛋糕，要在一个28厘米方形饼模里烘焙7个鸡蛋或350克混合物；做10厘米的圆形或方形蛋糕，要在一个25厘米方形饼模里烘焙6个鸡蛋或300克混合物。若海绵蛋糕太软，则可以加入额外5%~10%的调味料。

蛋糕尺寸								
圆形	13厘米	15厘米	18厘米	20厘米	23厘米	25厘米	28厘米	30厘米
方形	10厘米	13厘米	15厘米	18厘米	20厘米	23厘米	25厘米	28厘米
新鲜奶酪	150克	200克	250克	325克	450克	525克	625克	800克
精制白砂糖	150克	200克	250克	325克	450克	525克	625克	800克
中等大小鸡蛋	3	4	5	6	9	10	12	14
香草香精（茶匙）	1/2	1	1	1½	2	2	2½	4
自发粉	150克	200克	250克	325克	450克	525克	625克	800克

额外的调味料

柠檬：每100克的糖加入1个柠檬细研磨的果皮。
橙子：每250克的糖加入2个橙子细研磨的果皮。
巧克力：每100克的面粉里用15克可可粉替代15克面粉。
香蕉：用红糖取代精制白砂糖。在每100克面粉里加入1个捣烂熟透的香蕉和1茶匙混合的香料（苹果派香料）。
咖啡和核桃：每100克面粉里用15克充分捣碎的核桃替代15克面粉。用红糖取代精制白砂糖并加入冷却的浓缩咖啡来调味。

经典的巧克力蛋糕

这个配方会使得巧克力蛋糕质地异常松软，且制作起来也很迅速和容易。把混合物分到两个饼模里，平分；或想做3层的蛋糕，则分为1/3或2/3。为了达到真正浓郁的效果，放入巧克力酱而非奶油乳酪（*参阅填充和覆盖*）。

1. 将烤箱预热到160℃或3档，并准备好饼模（*参阅准备饼模*）。

2. 将面粉、可可粉和发酵粉一起筛好。

3. 在一个大的电子搅拌器里，把奶酪和糖打在一起直至变白和松软。与此同时，将鸡蛋打入另一个碗里。

4. 在混合物里渐渐地加入鸡蛋，每一次加料都要打匀。

5. 将一半的干配料加入并搅拌，直到刚刚混合之后，加入一半的牛奶。再次加入剩下的配料。搅拌直到混合物开始融合在一起。

6. 用小铲手动搅拌配料，并舀到准备好的饼模里。

7. 在烤箱里烘烤，直到蛋糕中央插进一根竹签拔出来时无任何粘连物。烘烤时间根据烤箱的不同而有所变化。在20分钟后检查小蛋糕、40分钟后检查大蛋糕。

8. 放凉，然后用保鲜膜（*塑料薄膜*）把蛋糕包裹好，并放进冰箱直到可被使用。

更高的蛋糕

　　至于更高的蛋糕，可以简单地用配方的一倍半来烘焙。如果只有一对饼模，那么可能需要分两批来做。将蛋糕稍稍放凉再取出，并用混合物重新填充饼模。

保质期

　　巧克力蛋糕必须提前24小时做好。如果第2天用不到的话可将巧克力蛋糕冷冻起来。在经过1~2天分层和覆盖蛋糕的过程之后，最终的巧克力蛋糕应该能在冰箱外最多放3~4天。

蛋糕尺寸							
圆形 13厘米	15厘米	18厘米	20厘米	23厘米	25厘米	28厘米	30厘米
方形 10厘米	13厘米	15厘米	18厘米	20厘米	23厘米	25厘米	28厘米
纯面粉 170克	225克	280克	365克	500克	585克	700克	825克
可可粉 30克 （无糖可可粉）	40克	50克	65克	90克	100克	125克	150克
发酵粉（茶匙）1 ½	2	2 ½	3 ¼	4 ½	5 ¼	6 ¼	7 ½
新鲜奶酪 150克	200克	250克	325克	450克	525克	625克	750克
精白砂糖 130克	175克	220克	285克	400克	460克	550克	650克
大鸡蛋 2 ½	3	4	5	7	8 ½	10	12
全脂牛奶 100毫升	135毫升	170毫升	220毫升	300毫升	350毫升	425毫升	500毫升

额外的调味料

橙子：每2个鸡蛋加入1个橙子细研磨的果皮。

咖啡甜酒：每2~3个鸡蛋里加入1小杯冷却的浓缩咖啡，并在糖浆里加入咖啡甜酒来调味(参阅填充和覆盖)。

榛子巧克力：去掉10%的面粉加入等量的榛子粉，并铺上一层巧克力酱和榛子巧克力。(参阅填充和覆盖)。

胡萝卜蛋糕

在这款胡萝卜蛋糕里加入更多捣碎的山核桃，不仅给它带来了额外的口感层次，而且增添了更棒的质地。我建议把两层蛋糕仅用单层奶油乳酪来夹心粘合成一块，这样的话则要把蛋糕混合物分到两个饼模里来烘焙。为了达到完美的味道，选择柠檬口味的奶油乳酪来做填充。（*参阅填充与覆盖*）。

贴士

如果喜欢的话，可以用核桃、榛子或混合坚果来代替山核桃。

1. 将你的烤箱预热到160℃或3档，并准备好饼模（*参阅准备饼模*）。

2. 在一个大的电子搅拌器里，把糖和植物油在一起搅拌1分钟或直到材料混合均匀。

3. 将鸡蛋打入另一个碗里。在混和物里渐渐地加入鸡蛋，每加一个都要打匀。

4. 把干配料筛好并加入蛋糕混合物，交替放入磨碎的胡萝卜。

5. 拌入捣碎的山核桃

6. 将混合物分到两个准备好的饼模里，并在烤箱里烘烤20~50分钟，取决于尺寸。用插进一根竹签拔出时无任何粘连物的方法来检查蛋糕是否烤好。

7. 放凉，然后用保鲜膜（*塑料薄膜*）把蛋糕包裹好，并放进冰箱直到可被使用。

更高的蛋糕

至于更高的蛋糕，可以简单地用配方的一倍半来烘焙。如果只有一对饼模，那么可能需要分两批来做。将蛋糕稍稍放凉再取出，并用混合物重新填充饼模。

保质期

胡萝卜蛋糕必须提前24小时做好。如果第2天用不到的话可将蛋糕冷冻起来。在经过1~2天分层和覆盖蛋糕的过程之后，最终的蛋糕应该能在冰箱外最多放3~4天。

蛋糕尺寸								
圆形	13厘米	15厘米	18厘米	20厘米	23厘米	25厘米	28厘米	30厘米
方形	10厘米	13厘米	15厘米	18厘米	20厘米	23厘米	25厘米	28厘米
红糖	135克	180克	250克	320克	385克	525克	560克	735克
植物油	135毫升	180毫升	250毫升	320毫升	385毫升	525毫升	560毫升	735毫升
中等大小鸡蛋	2	2 ½	3	4	5	6 ½	7	9
自发面粉	200克	275克	375克	480克	590克	775克	850克	1.1千克
香料（苹果派香料）（汤匙）	1	1 ½	2	2 ½	3	4	4 ½	5 ½
小苏打（烘焙苏打）（茶匙）	¼	½	¾	¾	1	1	1 ¼	1 ½
充分磨碎的胡萝卜	300克	385克	525克	675克	825克	1050克	1200克	1500克
充分捣碎的山胡桃	65克	85克	120克	150克	175克	240克	270克	350克

传统的水果蛋糕

在尝试了多年各种不同的水果蛋糕配方后，发现这一个是最可靠的。可以变换使用不同种类的水果干，或者为了方便，直接用一包混合好的水果干。我选择用来调味的酒是1：1等量混合的樱桃味和普通白兰地，如果喜欢也可以用朗姆酒或威士忌来代替。事先将水果干和混合的蜜饯果皮在酒里浸泡至少24小时。为达到最好的效果，在食用前将烘焙好的蛋糕放1个月。在储存的这段时间，可以用所挑选的酒每1周或2周"滋养"一次蛋糕，来进一步加强味道和保持湿润。为了涂层均匀，用一个喷雾瓶将酒喷到表面上。放置沁润1~2分钟，然后重新涂层。

1. 将烤箱预热到150℃或2档，并用双层油纸或烘焙纸给小蛋糕、3层油纸给大蛋糕铺在饼模（参阅准备饼模）。

2. 在一个大的电子搅拌器里，把奶酪和糖打在一起，加入柠檬和橙果皮直至变白和松软。在浸泡过的水果干和混合的蜜饯果皮里加入橙汁。

3. 逐渐地加入鸡蛋，1个1个地加，每次加入前都打均匀。

4. 将面粉和调味品筛到一起，取出一半的面粉混合物加入一半浸泡过的水果混合物。搅拌直到刚好混合，然后加入剩下的面粉混合物和水果混合物。

5. 用一个大金属勺轻轻地拌入杏仁粉和糖蜜，直到所有的配料都混合好，然后把混合物舀到准备好的饼模里。

6. 用另外一些油纸或烘焙纸宽松地覆盖在蛋糕顶上，然后在烤箱里按列出的时间烘焙，或直到插进一根竹签拔出时无任何粘连物时从烤箱中取出。

7. 当蛋糕还热的时候倒上一些酒，然后在饼模里放凉。

8. 从饼模里取出，用一层油纸包裹，然后贴上锡箔来储存。

更高的蛋糕

不幸的是，水果蛋糕没法做得比饼模更高。如果需要给水果蛋糕增加额外的高度，那么可以上双板（将它放到两块用糖霜酥皮粘在一起的蛋糕板上），或在上糖霜前在蛋糕顶部加上一层厚厚的杏仁蛋白软糖。

保质期

水果蛋糕至少要在食用前4~6周来制作，以给它们足够的时间来成熟。它们可以储藏最多9个月或冷冻来进一步延长保质期。

蛋糕尺寸									
圆形	10厘米	13厘米	15厘米	18厘米	20厘米	23厘米	25厘米	28厘米	30厘米
方形	—	10厘米	13厘米	15厘米	18厘米	20厘米	23厘米	25厘米	28厘米
无核小·葡萄干	100克	125克	175克	225克	300克	375克	450克	550克	660克
葡萄干	125克	150克	200克	275克	350克	450克	555克	675克	800克
小·葡萄干 (金黄葡萄干)	125克	150克	200克	275克	350克	450克	555克	675克	800克
糖衣 (糖渍的) 樱桃	40克	50克	70克	100克	125克	150克	180克	200克	250克
蜜饯果皮	25克	30克	45克	50克	70克	85克	110克	125克	150克
樱桃白兰地或混合白兰地 (汤匙)	2	2 ½	3	3 ½	5	6	7	8	9
淡盐味黄油	100克	125克	175克	225克	350克	375克	450克	550克	660克
红糖	100克	125克	175克	225克	350克	375克	450克	550克	660克
磨碎的柠檬皮屑 (每个水果的)	¼	½	¾	1	1 ½	2	2	2 ½	3
磨碎的小·香橙皮屑 (每个水果的)	¼	½	¾	1	1 ½	2	2	2 ½	3
小·香橙汁 (每个水果的)	¼	¼	½	½	¾	¾	1	1 ½	1 ½
中等大小·鸡蛋	2	2 ½	3	4 ½	6	7	8 ½	10	12
纯面粉	100克	125克	175克	225克	350克	375克	450克	550克	660克
混合的香料 (苹果派香料) 茶匙	½	½	¾	¾	1	1 ¼	1 ½	1 ½	1 ¾
豆蔻粉	¼	¼	½	½	½	¾	¾	1	1
杏仁粉	10克	15克	20克	25克	35克	45克	55克	65克	75克
杏仁片 (杏仁条)	10克	15克	20克	25克	35克	45克	55克	65克	75克
黑蜜糖 (赤糖湖) (汤匙)	½	¾	1	1 ½	1 ½	1 ¾	2	2 ½	3
烘焙时间 (小时)	2 ½	2 ¾	3	3 ½	4	4 ½	4 ¾	5 ½	6

填充和覆盖

　　填充是用来给蛋糕加入额外的味道和水分，而填充物的选择应是海绵蛋糕种类或味道的补充。最流行的和万能的填充物是奶油乳酪和巧克力酱，而巧克力酱通常被用于巧克力覆盖的蛋糕。这些材料配方在室温下可以被放心地使用，以免需要在使用前一直放到冰箱里。填充也被用来密封和包裹蛋糕、填充缝隙、修整不完美的地方和给糖霜制作牢固的、光滑的表面。

奶油乳酪（*霜状白糖*）

　　本法做出的奶油乳酪大约500克，足够用于一个18~20厘米的圆形或方形分层蛋糕，或够用于20~24个杯状蛋糕。

材料

❖ 170克无盐或少盐的黄油，软化的

❖ 340克（*糖果店的*）糖霜

❖ 2汤匙水

❖ 1茶匙香草提取物或替代的香料

设备

❖ 大电动搅拌器

❖ 抹刀

1. 把黄油和糖霜放进大电动搅拌器的碗里搅拌，从低速开始来避免混合物到处飞溅。

2. 加入水和香草或其他香料并增加转速，将黄油充分搅拌直到色淡、轻且松软的。

3. 装进一个密闭容器，放入冰箱储存约2周。

糖浆

　　把糖浆刷到海绵蛋糕上来加强它的味道和湿度。根据它的口味和质地来使用，但不要用太多，否则海绵蛋糕会变得过甜或过粘。

材料

❖ 85克精制白砂糖（*细粒*）

❖ 80毫升水

❖ 1茶匙香草提取物（*可选的*）

设备

❖ 深平底锅

❖ 金属勺

　　本法做出的糖浆足够用于一个20厘米分层的圆蛋糕（*方形蛋糕可能需要稍多一些*），25个软糖饼或20~24个杯状蛋糕。

1. 把糖和水放进碗里，搅拌1次或2次。如果喜欢的话可加入香草提取物，并放凉。

2. 装进一个密闭容器，放入冰箱储存约1个月。

柠檬或橙子口味。

　　可以用鲜榨的，或储存的柠檬或橙汁来替代水。也可以加入柠檬或橙子口味的甜酒来增加柑橘的味道。

巧克力酱

用等量的巧克力和奶油来制作这种奢华的填充，如丝绸般丝滑和浓郁。一定要选购质量好的巧克力，可可的纯度要在53%以上。巧克力酱在室温下比奶油乳酪更加坚固，因此它们带给蛋糕更坚硬的表面来上糖霜，且构成更尖，具有更清晰的边缘和角度。正因为这个原因，我推荐用巧克力酱来做所有雕刻的或造型的蛋糕，例如经典的缝纫机和转盘电话机。

本法可做出巧克力酱大约500克，足够用于一个18~20厘米的圆形或方形分层蛋糕，或够用于20~24个杯状蛋糕。

材料	设备
❖ 250克（*半甜或半苦半甜*）纯巧克力，切碎的或碎屑	❖ 深平底锅
	❖ 搅拌碗
❖ 250克高脂厚奶油	❖ 抹刀

1. 把巧克力放进碗里。

2. 在深平底锅里把奶油煮沸，然后倒在巧克力上。搅拌直到巧克力全部融化并完美地和奶油融合在一起。

3. 放凉，然后封口并储存进冰箱。在冰箱里放置1周。

白巧克力酱

另一种奢侈的填充，是奶油乳酪理想的替代品——白巧克力酱。做法可简单地遵循巧克力酱配方，用等量的白巧克力来替代纯巧克力，与半量的奶油混匀。如果做小批量，在混合热奶油之前需先将白巧克力融化。

贴士

确保使用前巧克力酱或奶油乳酪是在室温下的，但也许需要在展开它之前稍稍将它加热。

烘焙和覆盖技巧

分层，填充和准备

为了达到光滑的、平整塑形的专业造型蛋糕，用正确的方法来准备待上糖霜的蛋糕是最基本的操作。海绵蛋糕通常都包含2~3层（参阅经典的海绵蛋糕），而水果蛋糕则保持完整1个(参阅传统的水果蛋糕)。

材料

❧ 奶油乳酪或巧克力酱（参阅填充和覆盖）用来填充和覆盖

❧ 糖浆（参阅填充和覆盖）用来刷

❧ 果酱或蜜饯用来填充（可选的）

设备

❧ 蛋糕分割器

❧ 大锯齿刀

❧ 尺子

❧ 小尖水果刀（可选的）

❧ 蛋糕板，切菜板或大蛋糕板

❧ 转台

❧ 调色刀

❧ 糕点刷

1. 从蛋糕的底部把过度烘焙的硬皮切掉。如果有两个一样高度的海绵蛋糕，用蛋糕分割器把它们切成一样的高度。如果有1/3的蛋糕混合物在其中一个饼模里，而另外2/3在另一个饼模里，则用大锯齿刀或蛋糕分割器从高的那块海绵蛋糕上切出两层来做出3个蛋糕层。二选一地；从一个大正方形蛋糕上切出3层；在正方形相对的两个1/4里靠近直角各切一个圆形，然后从另外两个相对的1/4各切一个半圆拼成第3层。做完的蛋糕将被放到一个1.25厘米厚的蛋糕板上，将所有层的高度加起来应为9厘米左右。

2. 一般情况下，要么烘焙一个比实际需要大2.5厘米的蛋糕，要么烘焙一个更大的海绵蛋糕（参阅经典的海绵蛋糕）。围绕蛋糕板切割蛋糕，垂直地切使刀不要有任何向内或向外的角度。若是圆蛋糕，用小尖水果刀来做这个，若是方形蛋糕则用大锯齿刀。

经典复古蛋糕装饰

3. 把3层海绵蛋糕放置到一起来检查它们是否都是平坦且水平的，如果必要的话修剪掉多余的海绵。把蛋糕底板放到一个转台上。如果蛋糕板比转台要小，就在下面放一块切菜板或另一块大蛋糕板。必要时用一个防滑垫。

4. 用一把中号的调色刀，在蛋糕板上铺开少量的奶油乳酪或巧克力酱，并把底层海绵蛋糕粘上。用糕点刷在蛋糕上刷上糖浆，糖浆的量取决于自己所希望的蛋糕湿度。

5. 在海绵蛋糕顶上铺开一层平坦的约3毫米厚的奶油乳酪或巧克力酱，然后薄薄的铺一层果酱或蜜饯，如果喜欢的话。在下一层重复这一步骤。最后加上顶层并刷上更多的糖浆。

6. 在蛋糕的侧面覆盖奶油乳酪或巧克力酱，然后是顶部——只需要非常薄且平坦的一层。如果因蛋糕渣被带起而使外衣变成"颗粒状"，可将其放入冰箱约15分钟，然后再加上薄薄的第二层外衣。这个底涂层可以被看作是"蛋糕渣外衣"，并有助于密封海绵蛋糕。

7. 将蛋糕放入冰箱20~60分钟来固型，接下来准备用糖霜或杏仁蛋白软糖来覆盖它。

贴士

在海绵蛋糕层与层间不要加入太多的夹层，否则蛋糕会在糖霜重力的作用下下沉并会出现脊线。

填充和覆盖的量

尺寸	10厘米	13厘米	15厘米 约8个 杯状 蛋糕	18厘米	20厘米	23厘米	25厘米	28厘米
奶油乳酪或巧克力酱	175克	250克	350克	500克	650克	800克	1100千克	1250千克

给蛋糕雕刻和塑形

这本书中不少蛋糕包含了给海绵蛋糕雕刻和塑形，来创作出经典的圆形或方形以外的造型。我更喜欢用巧克力酱而非奶油乳酪，在填充和给蛋糕外面裹上外衣时，可打好一个更坚固的基础来上糖霜。

当蛋糕非常坚硬或几近冻结的时候雕刻和塑形会更加容易，所以事先需裹上食品薄膜（*保鲜膜*）冷藏在冰箱里。这项技巧已被用于拨盘电话机和经典的缝纫机，也扩展到壁炉上的时钟杰作和经典的珠宝盒子，尽管这些并不难解决。特殊的指导已在每个作品的项目指导里给出。

当给蛋糕雕刻或塑形时，要将海绵蛋糕一点一点地切掉以免切除过多，尤其还是新手的时候。一旦达到想得到的形状，就用巧克力酱或奶油乳酪覆盖蛋糕，填充各个孔洞。如果蛋糕变得易碎，或发现很难达到想要的形状，就将它放入冰箱15分钟左右，然后给它裹第二层糖衣。这样应该会使最后的形状好很多。

覆盖杏仁蛋白软糖和糖膏

在上糖霜之前，蛋糕应该已被一层平整的奶油乳酪或巧克力酱所覆盖，（*参阅分层，填充和准备*）来确保任何的不规则和不完美已经被隐藏或纠正，否则它们透过糖霜会被看到。必要的话可以给蛋糕上第二层糖霜外衣，或在上糖膏（*翻糖膏*）之前覆盖一层杏仁蛋白软糖。

材料

❖ 杏仁蛋白软糖（*可选的*）

❖ 糖膏（*翻糖膏*）

❖ 糖霜（*糖粉*），用于撒粉

设备

❖ 油纸或烘焙（*羊皮纸*）纸

❖ 剪刀

❖ 大的不粘擀面杖

❖ 大的带防滑垫的不粘板（*可选的*）

❖ 糖霜和杏仁蛋白软糖空间间隔器

❖ 针状划线器

❖ 糖霜平滑器

❖ 小尖刀

1. 剪一块比蛋糕周围大约7.5厘米的油纸或烘焙纸，并把蛋糕放到上面。

2. 揉捏杏仁蛋白软糖或糖膏直到变软。在一块大的不粘板上用不粘擀面杖将它展开，通常不用撒糖霜，然后放在一个防滑垫上。若在工作台面上则需撒上糖霜。用空间间隔器来确定准确的宽度——约0.5厘米。用擀面杖把糖膏挑起，使其脱离防滑垫并卷起1/4然后放平来再擀一遍。尝试保持圆形的形状以轻易地安到蛋糕上。如果发现气泡，则把空气气泡排出去，或用一个针状划线器小心地把它们刺破。

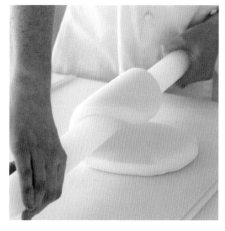  

3．用擀面杖挑起糖膏并铺到蛋糕上。快而轻地用手来把蛋糕的周围和各个面弄平整。从蛋糕各个面将糖膏向下拉平，直到碰到底面。

4．铺好糖霜，用一个平滑器在蛋糕顶部做环形运动。至于蛋糕的面，进一步用圆形运动来修整，在底部切掉全部多余的糖膏。用小尖刀修剪剩余的部分。用平滑器最后一次在蛋糕周围运动来确保它绝对的平整光滑。

贴士

糖膏会很快干燥和碎裂，所以需要十分迅速地操作。把剩余的糖霜用塑料袋好好包裹以免干裂。

方形蛋糕

给方形蛋糕上糖霜与圆形蛋糕基本上是同样的方法，但要特别注意夹角的位置，以免糖霜撕裂。在开始向下做蛋糕的面之前，先慢慢地在夹角周围用手挤压糖霜。糖霜上的裂缝可以用干净的软糖霜来修补，但要做得尽可能地快，使其修补完好。

覆盖蛋糕的用量

蛋糕尺寸 （9厘米高）	15厘米	18厘米	20厘米	23厘米	25厘米	28厘米
杏仁蛋白软糖/糖膏 （翻糖膏）	650克	750克	850克	1千克	1.25千克	1.5千克

注：方形蛋糕的翻糖膏用量会稍多一些

在蛋糕和蛋糕板周围固定缎带

　　为了在蛋糕底部固定缎带，首先用缎带围绕蛋糕一圈，并使其重叠约1厘米来测量缎带到底需要多长。用一把尖剪刀来修剪它的长度。在缎带同一面的两端分别贴上双面胶。直接将一端粘到糖霜上，然后用缎带包绕蛋糕并粘上另一端，重叠地粘在刚才那一端上。

　　为了达到专业效果，在蛋糕板边缘的四周贴上相配的或互补颜色的双缎面缎带。使用1.5厘米宽的缎带并用双面胶在蛋糕板周围间隔地固定好。至于正方形蛋糕板，将双面胶放到每个角的周围并放一小块到每一面的中央。

给蛋糕板上糖霜

　　用糖霜来覆盖蛋糕板底座会给蛋糕带来洁净的、专业的效果。通过仔细地选择正确的糖霜颜色，蛋糕板可以和蛋糕的设计融为一体。

1. 用一些水来湿润蛋糕板。将糖膏（*翻糖膏*）铺开至0.4厘米高，最理想的是使用糖霜或杏仁蛋白软糖空间间隔器。将蛋糕板放到一个转台上，用擀面杖挑起糖膏并使其平铺到蛋糕板上，以便从四周垂下来。

2. 用糖霜平滑器做向下的运动来切出一个环绕蛋糕板光滑的边缘，切走多余的糖霜。最后用环形的运动将顶部弄平，做成一个平坦而完全光滑的表面来放蛋糕。放置一夜晾干。

覆盖蛋糕板的用量

蛋糕板尺寸	23厘米	25厘米	28厘米	30厘米	33厘米	35.5厘米
糖膏（*翻糖膏*）	600克	650克	725克	850克	1000克	1200克

安装分层蛋糕

把蛋糕堆叠到一起来制作一系列的分层并不是很难的过程，但需要按照正确的流程来确保蛋糕有可靠的架构。我建议使用空心塑料固定销，因为它们比较坚固。更薄的塑料固定销适合于更小的蛋糕。参阅下面的图表可作为需要固定销数量的指导。

材料

❧ 上好糖霜的蛋糕板
（参阅给蛋糕板上糖霜）

❧ 硬的糖霜酥皮（参阅糖霜酥皮）

设备

❧ 蛋糕顶部标记模具

❧ 针状划线器或标记工具

❧ 空心塑料固定销

❧ 食用画笔

❧ 大的锯齿刀

❧ 闲置的蛋糕板

❧ 水平仪

❧ 糖霜平滑器

1. 用蛋糕顶部标记模具来找到蛋糕的中心点。

2. 用一个针状划线器或标记工具，在蛋糕上标记固定销需要放置的位置。这个需要定位好准备叠加的蛋糕直径。在标记的地方插入一根固定销。用一支食用画笔，在固定销碰到蛋糕顶部的位置做上记号。

3. 取出固定销，在记号的地方用大锯齿刀切断。将其他固定销切至同一高度并插进蛋糕。在固定销的顶上放置一块蛋糕板，并用一个水平仪在蛋糕板上检查它们是否为同一高度。

4. 用硬的糖霜酥皮把底座蛋糕粘到上好糖霜的蛋糕板中央。如果必要的话用平滑器来将它移动到位。把糖霜酥皮放置凝固数分钟然后叠加下一层。如果需要的话重复以上步骤来贴上第3层。

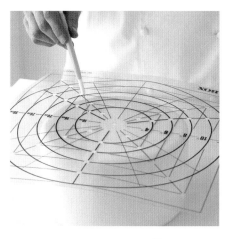

固定销的数量

蛋糕尺寸	15厘米	20厘米	25厘米
固定销的数量	3~4	3~4	4~5

迷你蛋糕

迷你蛋糕是从分层填充好的大块蛋糕上切下来的。首先，烘焙一个大的方形蛋糕，从中可以切出小的圆形或方形蛋糕。想要切的块数和尺寸决定了大蛋糕的大小，但最好选择做得比需要的稍大一些来允许损耗。若要做5厘米的方形迷你蛋糕，做9块则需要一个18厘米的方形蛋糕。参考蛋糕配方章节里的图表，但只需配料用量的2/3，因为迷你蛋糕要浅一些。把所有混合物放在一个饼模里烘焙，而不是像大蛋糕一样分到两个里面去。

材料

❧ 大的方形的经典海绵蛋糕或经典巧克力蛋糕（参阅蛋糕配方）

❧ 糖浆（参阅填充和覆盖）

❧ 奶油乳酪或巧克力酱（参阅填充和覆盖）

❧ 糖膏（翻糖膏）

设备

❧ 蛋糕分割器

❧ 圆形切刀或锯齿刀

❧ 糕点刷

❧ 蛋糕卡（可选的）

❧ 调色刀

❧ 大号不粘擀面杖

❧ 大的带防滑垫的不粘板

❧ 金属尺

❧ 大尖刀

❧ 大圆形切刀或小尖刀

❧ 两个糖霜平滑器

迷你圆蛋糕

1．用蛋糕分割器把大方形蛋糕水平地切开成2个平坦的蛋糕层。用切刀切出1个1个的小圆形。

2．给海绵蛋糕块刷上糖浆，并用奶油乳酪（如果想要的话另加果酱）或者巧克力酱做夹心将它们摞在一起。如果把底层那块粘到与迷你蛋糕一样尺寸和形状的蛋糕卡上会更加容易，然后使用奶油乳酪或巧克力酱，但不是必须的。迅速地操作，拿起每1块蛋糕并在每1面平坦地覆盖奶油乳酪或巧克力酱。最后将顶部覆盖，并将蛋糕放进冰箱至少20分钟来固型。

贴士

你会发现，用非常冷的海绵蛋糕来操作会更容易，因为它会更加坚硬。

3. 在准备放有防滑垫的大不粘板上用大不粘擀面杖铺开一块糖膏呈边长约38厘米厚约0.5厘米的正方形。切出9个小正方形并铺到每1块蛋糕顶上。如果你是新手，每次先准备一半的蛋糕，把其他正方形蛋糕放进食品薄膜（*保鲜膜*）来避免干掉。

4. 用手将糖膏围绕蛋糕各个面向下铺平，并用大的圆形切刀来修剪掉多余的部分。

5. 用两个糖霜平滑器在蛋糕的两边前后移动，并转动蛋糕来创作完美平滑的效果。将糖膏晾干，理想的话在装饰蛋糕之前，晾一整夜。

贴士

至于迷你传统水果蛋糕，可以在小的、单独的饼模里烘焙混合物。由于蛋糕的结构它们是不能被切开的。

迷你正方形蛋糕

正方形迷你蛋糕是用与圆蛋糕相类似的方法来制作的，所以可参照上面的指导（*参阅迷你圆蛋糕*）。用锯齿刀来切出正方形而用尖刀来把蛋糕各个面周围的多余糖膏修剪掉。最后用平滑器在对立的2个面挤压，直至弄平4个面的糖霜。

烘焙杯状蛋糕

这本书中用来烘焙杯状蛋糕的蛋糕混合物与那些做完整尺寸蛋糕的是一样的。可以从经典的海绵蛋糕，经典的巧克力蛋糕或胡萝卜蛋糕（*参阅蛋糕配方*）里挑选。为了做一批10~12个杯状蛋糕，使用用来制作13厘米圆形或10厘米正方形蛋糕的用量。

为了烘焙混合物，把杯状蛋糕杯托（*内衬垫*）放进果子馅饼饼模（*平底锅*）或麦芬托盘（*平底锅*），且装至约2/3满。在预热的烤箱里在180℃或4档下烘烤约20分钟，直到蛋糕摸起来有弹性。

我喜欢用素箔杯状蛋糕杯托（*内衬垫*），因为箔可以保持蛋糕的新鲜，并且它没有图案把人的注意力从蛋糕装饰上吸引走。它们有一系列颜色是可以用的，分素或有图案的纸，可以选用带装饰的杯托来做素的杯状蛋糕。

用糖膏覆盖杯状蛋糕

用糖膏（*翻糖膏*）覆盖杯状蛋糕做起来很快。用一个切刀切出一个圆形糖膏并放到杯状蛋糕里面的顶部。使用平坦的、稍稍拱起形状的杯状蛋糕，必要的话将它们修剪。

1. 用一把调色刀，在蛋糕上铺开薄薄一层调味的奶油乳酪（*霜状白糖*）或巧克力酱，并做成一个完美的圆形和光滑的表面以便上糖霜。

2. 铺开一些糖膏，并用一个圆形切刀，切出一些比杯状蛋糕顶部稍稍大一点的圆形。我建议一次切出多个并覆盖所有没用食品薄膜（*保鲜膜*）包裹的圆形。一次覆盖一个杯状蛋糕，用手掌小心地梳理糖霜，直到边缘完全地将顶部覆盖。

奶油乳酪做顶的杯状蛋糕

用奶油乳酪做顶是给杯状蛋糕上糖霜最快最简单的方法。杯状蛋糕本身并不需要特别完美的造型，因为奶油乳酪做顶会遮盖任何的不完美。

1. 在准备或给杯状蛋糕上糖霜之前，确保它们是完全冷却的。如果觉得它们有点干或希望它们非常湿润，那么就在顶部刷上一层额外的糖浆（参阅填充和覆盖）。

2. 如果喜欢的话可以在用奶油乳酪做顶之前给海绵蛋糕注入果酱或蜜饯（果酱）。在带有窄锯齿喷嘴的挤压瓶里灌入果酱或蜜饯，小心地插入杯状蛋糕并挤压。

3. 为了给杯状蛋糕裱花，可以给一个大的一次性塑料裱花袋配上一个大的素的或星星形状的裱花管，装入奶油乳酪（参阅填充和覆盖），并在顶部裱一个山峰或漩涡的形状。这个需要多练习，才可使每个蛋糕看起来完美。

4. 二选一的，简单地用一把调色刀平坦地铺开奶油乳酪，来制作一个平整的拱起的顶部。要确保糖霜在使用时是软的，有时可能需要重新将它搅拌，甚至如果室温很冷的话稍稍将它加热。

烘焙饼干

　　饼干几乎适用于每一个场合，其会带来众多创作的空间，因为可以用面团切出各种各样的形状，而且可以用很多不同的方法来装饰。它们也可以提供一个在准备阶段让小孩子加入的理性机会。饼干可以在需要之前就事先准备好，增加了方便性。

材料

- ❧ 250克无盐黄油
- ❧ 250克精制白砂糖
- ❧ 中等大小鸡蛋1~2个
- ❧ 1茶匙香草提取物
- ❧ 500克面粉，还需额外的一些用来撒粉

设备

- ❧ 大的电子搅拌器
- ❧ 抹刀
- ❧ 深托盘或塑料容器
- ❧ 擀面杖
- ❧ 饼干切刀或模具
- ❧ 尖刀（如果使用模具）
- ❧ 烘焙托盘（薄板）铺以油纸或烘焙（羊皮纸）纸

保质期

　　饼干面团可以在使用前数日做好并储存在冰箱里。烘焙好的饼干可以储存最多一个月。

味道的变化

巧克力：用可可粉（未加糖的）替代50克面粉。

柑橘：忽略香草而加入充分捣碎的1个柠檬或橙子的果皮。

杏仁：用1茶匙的杏仁提取物来代替香草。

1. 在一个大电子搅拌器里，把黄油和糖打到一起，直到呈奶油色而且非常松软。

2. 加入鸡蛋和香草提取物并搅拌，直到它们充分混合。

3. 筛面粉，加到搅拌器的碗里，并搅拌到所有配料刚好混合到一起，不要过度搅拌。

4. 把面团装进铺好食品薄膜（保鲜膜）的容器并向下压紧。盖上食品薄膜（保鲜膜）并放进冰箱至少30分钟。

贴士

在铺开面团时不要加入过多的面粉，否则会变得太干。

5. 在撒上少许面粉的工作台上，将饼干面团铺开至0.4厘米厚。在擀的时候可以向面团顶部撒一些额外的面粉，以避免粘到擀面杖上。

6. 用切刀或用模具和尖刀来切出想要的形状。放到铺好油纸或烘焙纸的烘焙托盘里，放回冰箱至少30分钟。与此同时，将烤箱预热到180℃或4档。

7. 将饼干烘烤约10分钟，或直到它们变成金黄色。将它们完全放凉后储存在密封容器，直到准备装饰它们的时候再取出。

饼干棒糖

　　饼干棒糖制作起来非常有意思。简单地用上面的指导来烘焙出饼干，切出形状之前在面团里插入小棒。但不能切到小棒插进面团的地方，所以可以用刀小心地围绕那个区域切割。

装饰技巧

糖霜酥皮

　　学会用糖霜酥皮操作是蛋糕装饰里要获取的最重要的技术之一。糖霜酥皮是如此万能的媒介，因为它可以用来给蛋糕和饼干上糖霜、给复杂装饰裱花或简单地用于粘贴。

　　在尽可能新鲜的时候使用糖霜可达到最好的效果，它可以在密闭容器里储存最多5天的时间。如果不立即用到，可在使用前重新搅拌混合物到它应有的稠度。

材料
❖ 两个中等大小的鸡蛋清或15克干蛋白粉混合75毫升水
❖ 500克（糖果店的）糖粉

设备
❖ 大电子搅拌器
❖ 筛子（过滤器）
❖ 抹刀

1. 如果使用干蛋白粉，则预先把它浸泡在水里至少30分钟，最理想的做法是放入冰箱一整夜。

2. 把糖粉筛到一个大电子搅拌器的碗里，并加入鸡蛋清或过滤好的重组鸡蛋混合物

3. 用低速搅拌3～4分钟，直到糖霜达到一定的稠度，即需要用于粘贴装饰物和将蛋糕粘到一起的稠度。

4. 把糖霜储存在密闭容器并盖上潮湿的、干净的布来避免它变干。

软化糖霜酥皮

为了更容易地装饰，可以在糖霜酥皮里加入微量的水使其稍稍软化。

流动状态的糖霜

　　糖霜酥皮加水、变薄、流下直到"淹没"饼干为流动状态的糖霜（参阅糖霜酥皮饼干）。测试理想稠度的方法是抬起勺子让糖霜流回碗中，它应该在流出前能保持5秒钟。如果它流动性太好，则会跑出饼干的轮廓外和各个面，但如果太硬将不会铺展得太好。

制作裱花袋

1. 在一张大正方形油纸或烘焙（*羊皮纸*）纸上剪下两个相等的三角形。作为指导，制作小裱花袋用15~20厘米正方形裁剪，制作大裱花袋则用30~35厘米正方形裁剪。

2. 首先用右手拿起一个三角形纸，保持中心尖端朝向自己最长的边离自己最远，向内卷曲右手的那个角并使尖端碰到中心尖端。调整握持点使两个尖端落在一起，并在右手拇指和食指之间。

3. 用左手将左边的尖角向内卷曲，使它穿过前面并回到圆锥中央其他两个尖角的后面。调整握持位置使拇指和食指握住所有3个尖角。轻轻前后摩擦拇指和食指来收紧圆锥，直到袋子的末端有一个尖尖的尖角。

4. 小心地将袋子背面向内折起（*在所有尖角会合的地方*）并沿折痕压实。重复使其固定。

贴士

可一次制作多个裱花袋并放置一边，用于装饰环节。

用糖霜酥皮裱花

如果是基础的裱花工作，可使用软化糖霜酥皮（参阅糖霜酥皮）。裱花管的尺寸取决于你手边的工作。

填充裱花袋直到不超过整袋的1/3，将顶部折起。用正确的方法握住裱花袋是非常重要的。一般用食指来引导裱花袋，也可以用另一只手来引导如果那样更容易的话。

裱花小·点，温柔地挤出糖霜直到想要尺寸的小点出现，停止挤压然后抬起袋子。如果糖霜上面有个尖端，则用潮湿的刷子来将它压扁。

裱花泪滴，可在挤出小点后，穿过小点拉动裱花管，然后释放压力并抬起裱花袋。要裱拉长的泪滴状或旋涡状，则要挤出一个糖霜球并拖拉糖霜、拽到一边，来构成一个旋涡或卷形。可以增加压力和糖霜的量来挤出更长、更大的形状。保持靠近裱花的表面称之为"涂写裱花"。

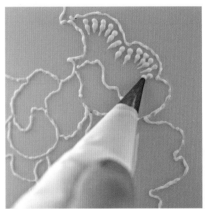

裱花线条，持裱花管接触表面，然后提起裱花袋平稳地移动，温柔地挤压。在想要结束线条的那个点减少压力并持管重新接触回表面。试着不要拖着糖霜缓慢行进，否则它会变得不平整。可能的话用一个模具或者饼干轮廓作为指引。

裱"蜗牛轨迹"边缘，挤出一个大点状的糖霜并像泪滴一样，拖拽裱花管到一边。围绕蛋糕重复这个动作。

裱"滴入"糖霜，在"淹没"的糖霜（参阅流动状态的糖霜）还湿润的时候，"滴"入不同颜色的、可流动的糖霜。这个做法与在干饼干上直接裱花会有稍稍不同且更加混杂的效果。

糖霜酥皮饼干

这是我最喜欢的给饼干上糖霜的方法，因为相对底下饼干的柔软质地我更爱脆嫩洁白的糖霜的味道。如果准备给大量的饼干上糖霜，可以用一个可挤压的塑料瓶配以小号裱花管来代替裱花袋。

材料	设备
✤ 软化糖霜酥皮（参阅糖霜酥皮）	✤ 小的和大的纸质裱花袋（参阅裱花袋的制作）
	✤ 裱花管：1.5号或2号，1号

1. 将1.5号或2号裱花管安到小的纸质裱花袋上，并填充一些软化糖霜酥皮。围绕每块饼干的边缘裱上轮廓，或裱在想要上糖霜的区域。

2. 将另一些糖霜酥皮用水稀释直到"可流动的"稠度（参阅流动状态的糖霜），并装进一个大的纸质裱花袋配以1号裱花管。用于在饼干轮廓的里面充满糖霜。对于大一些的饼干，完全可以剪掉裱花袋的一端来替代裱花管。如果要充满的区域相对比较大，应先围绕裱好的边缘周围操作，然后再朝向中心部分以确保平坦地覆盖。

3. 晾干之后，裱上任何需要的细节并粘上想要的装饰。

用糖膏覆盖饼干

为了给平整而专业的饼干迅速上糖霜，可以先简单地铺开一些糖膏（翻糖膏）到不超过0.3厘米厚，并用与切出饼干相同的切刀或模具将糖膏切成饼干的形状。用煮好并冷却的杏酱铺层，或者用滤过的果酱把切好形状的糖霜粘到饼干上，注意不要拉伸或扭曲糖霜。

使用花膏

　　花（花瓣、黏胶）膏成功地被用于为蛋糕和饼干精致创作的糖霜装饰，例如花朵、褶边和蝴蝶结，因为它可以被铺得非常薄。在使用花膏之前，用手指持续拉扯来将它彻底地揉捏。

给糖膏和CMC（羧甲基纤维素）塑形

　　塑形所用糖膏与普通糖膏（翻糖膏）相似，只是稠度上更硬，适用于模出更大的、更稳健的造型和装饰。它不像花（花瓣、黏胶）膏那样有力且迅速变干。可以购买做好的塑形糖膏，也可以用CMC以粉的形式揉进糖膏，这样会更经济且容易。作为指导，每300克糖霜大约用1茶匙CMC。

给糖霜上色

　　有不同种类的食用色素是可用的：膏、液体、凝胶和粉末。我喜欢用膏来给糖膏（翻糖膏）、花（花瓣、黏胶）膏和杏仁蛋白软糖上色，因为它会防止糖霜变得太湿和太黏。用鸡尾酒棒（牙签）加入少量或用刀加入大量后揉捏进糖霜。逐渐地加入颜色，手上保留一些额外的白色糖霜以免加入过量的颜色。液体食用色素适用于给糖霜酥皮和液态软糖上色，但注意不要加得太多太快。要知道糖霜的颜色可以在干燥后发生变化，一些颜色会褪色而另一些会变得更深。

贴士

最好给比需要用的多一些糖霜上色，以允许意外的损耗。剩下的可以储存在密封的袋子里并放进密封容器。

使用糖纱

　　糖纱是另一种类型的糖霜，主要用于制作极端精致的、纸一样薄的糖蕾丝来装饰蛋糕、饼干和其他类糖果。其是用湿的糖霜涂抹进成型的、硅胶的垫子，放置晾干数小时，并小心地梳理，揭开一张印有精细图案的薄片。糖纱已经成为这本书中诸多项目的完美添加，例如婚礼蕾丝蛋糕和经典的缝纫机，以高雅的传统蕾丝图案立刻强化了复古的主题。需要24小时前准备好糖纱。

材料

❖ 糖纱粉

❖ 120毫升开水

设备

❖ 接上打蛋器的电子搅拌器

❖ 糖纱刮刀

❖ 垫子（*我用玫瑰头纱给书里所有的项目*）

1. 把糖纱粉放进电子搅拌器的碗里，加入开水，并用勺子粗略地搅拌。然后用打蛋器以高速混合4分钟。

2. 4分钟以后糖霜应该变得稍硬且十分白，几乎像调和蛋白。将混合物舀到一个碗里并包裹食品薄膜，或放入一个带盖的小容器里，在冰箱里放一整夜。

3. 把两茶匙量的糖纱涂抹到垫子上，用糖纱刮刀将糖纱往不同的方向铺开，以确保它填满所有的裂隙。去掉多余的糖纱并用干净的湿布来清洁垫子的边和刮刀。

4. 用糖纱刮刀来完成最后横跨垫子的一次刮切，从一端到另一端。把垫子放到一边晾干约3~6小时。晾干的具体时间取决于它有多湿。

5. 一旦糖霜不再发黏且边角可被轻易地掀起，就可以从垫子上剥离下来了。

6. 将糖霜剥离，掀起一个边并将垫子翻转，面朝下。用糖纱刮刀将糖霜按到工作台上，然后剥离垫子（*从糖纱上剥离垫子，而不是从垫子上剥离糖纱*）。

7. 把糖纱放到两层油纸之间，储存在密闭容器里2~3天。湿的混合物可以在冰箱储存最多一个星期。

使用模具

　　模具非常有助于创作错综复杂的和仿生的细节装饰，例如珠宝、珍珠和胸针。现在市场上有很多，虽然它们小贵，但如果保护得适当它们是很耐用的。模具很万能，可以通过达到的效果而享受其中的乐趣。不仅可以在一个模具上得到不同的形状，而且甚至可以使用模具的一个部分，而不是整个。使用最方便的是硅胶模具，因为可以更轻松地将糖霜取出而不破坏它的形状。为了避免糖霜太黏，可以在使用前给模具稍稍涂抹植物油，或者在里面刷上粉末或光泽彩料。

设计师的艺术装饰

外形对称的蛋糕 A, B, C, D, E and F

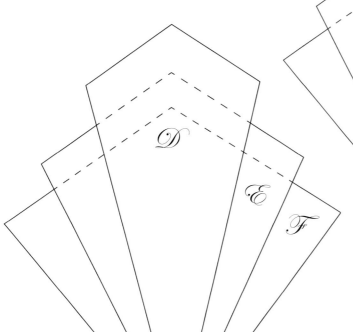

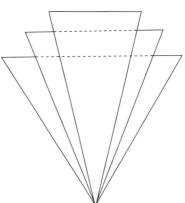

几何图形迷你蛋糕 G, H, I

缝纫时尚

经典的缝纫机 A, B, C

A和B展现为50%，可放大到200%

展现为50%，可放大到200%

50年代的裙子

打扮光鲜 裙子外形

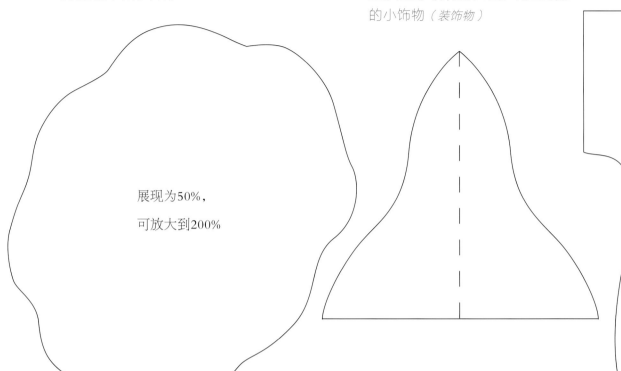

展现为50%，

可放大到200%

小·黑裙 前面、背面和袖子

前面和背面

袖子

两者 展现为50%，

可放大到200%

朦胧的蕾丝梦

漂亮的婚纱蕾丝和花样蕾丝饼干

花朵

展现为50%，可放大到200%

古老的时钟

壁炉上的时钟杰作 维多利亚时期

的小饰物（*装饰物*）

壁炉上的时钟杰作

时钟底座

传统电话机

复古的电话机饼干 电话机外形

展现为50%，

可放大到200%

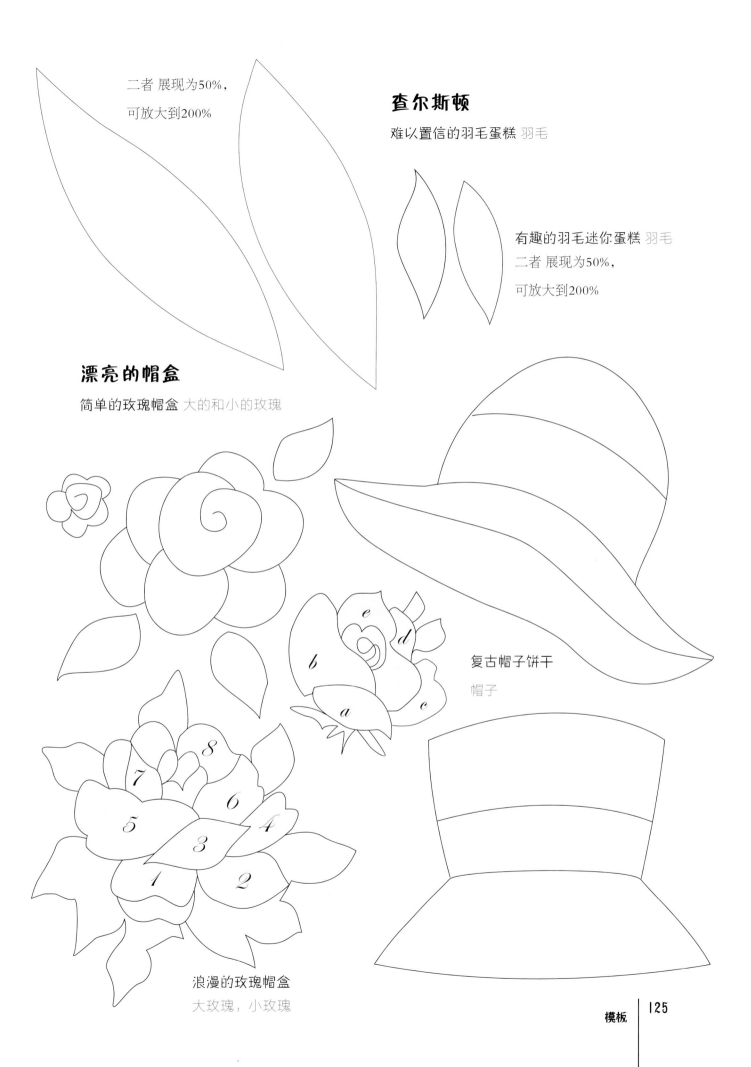

二者 展现为50%，
可放大到200%

查尔斯顿

难以置信的羽毛蛋糕 羽毛

有趣的羽毛迷你蛋糕 羽毛
二者 展现为50%，
可放大到200%

漂亮的帽盒

简单的玫瑰帽盒 大的和小的玫瑰

复古帽子饼干

帽子

浪漫的玫瑰帽盒

大玫瑰，小玫瑰

供应商

英国

蛋糕会客室 (THE CAKE PARLOUR)
www.thecakeparlour.com
伦敦市温布尔顿公园区亚瑟大街146号
SW19 8AQ (146 Arthur Road, Wimbledon Park, London SW19 8AQ)
电话：020 8947 4424

一块蛋糕 (A PIECE OF CAKE)
www.sugaricing.com
牛津郡泰晤士区上高街18-20号 OX9 3EX (18-20 Upper high Street, Thame, Oxon OX9 3EX)
电话：01844 213428

蛋糕的乐趣 (CAKES 4 FUN)
www.cakes4fun.co.uk
伦敦市帕特尼区列治门下道100号
SW15 1LN (100 lower Richmond Road, Putney, London SW15 1LN)
电话：020 8785 9039

斯夸尔的厨房商店 (SQUIRE'S KITCHEN SHOP)
www.squires-shop.com
萨里郡法纳姆区威弗利道3号 GU9 8BB (3 Waverley Lane, Farnham, Surrey GU9 8BB)
电话：0845 6171810

枫糖小·屋 (SUGARSHACK)
www.sugarshack.co.uk
伦敦市威斯特摩兰路鲍曼工商业区12单元 NW9 9RL (Unit 12, Bowman Trading Estate, Westmoreland Road, London NW9 9RL)
电话：020 8204 2994

蛋糕装饰公司 (THE CAKE DECORATING COMPANY) (模板和糖纱)
www.thecakedecoratingcompany.co.uk
诺丁汉郡凯旋路2B商店 (Shop 2B, Triumph Road, Nottingham)
电话：0115 822 4521

美国

设计师模板 (DESIGNER STENCILS)
www.designerstencils.com
威明顿市银河鱼路2503号 DE 19810 (2503 Silverside Road, Wilmington DE 19810)
电话：800-822-7836

全球糖艺术 (GLOBAL SUGAR ART)
www.globalsugarart.com
纽约州普拉茨堡市军事收费高速公路1509号 12901 (1509 Military Turnpike, Plattsburgh, New York 12901)
电话：1-518-561-3039

澳大利亚

面包店翻糖工艺 (BAKERY SUGARCRAFT)
www.bscretail.com.au
悉尼市韦瑟里尔公园区牛顿路198号 2164 (198 Newton Road, Wetherill Park, Sydney 2164)
电话：02 9828 0700

玻璃房子蛋糕供应商 (GLASSHOUSE CAKE SUPPLIES)
www.glasshousecakes.com.au
维斯比市西乐姆帕拉德13B NSW 2212 (13B Selems Parade, Revesby NSW 2212)
电话：02 9773 5513

鸣谢

非常感谢这个让我难以置信的有才华的团队对于本书的设计与制作。感谢莎拉·昂德希尔创造性的眼光和设计以及马克·斯科特惊人的摄影技术。感谢贝斯·戴蒙德在编辑本书时所有的帮助和耐心以及大卫和查尔斯给予我的帮助和鼓励来完成这本书。

我要感谢楠萨奇大厦（Nonsuch Mansions）（www.nonsuchmansion.com）和白色地带(White Location)（www.whitelocation.co.uk）允许我们拍摄他们漂亮的场地，感谢陶器食橱（Crockery Cupboard）让我们使用他们漂亮的盘子和思蒂·埃尔策（Zita Elze）的花。

我还要感谢苏咏诗·拉基（Kausie Lackey），她最近奇妙的课程带给我那么多的灵感，使我用新技术创作设计，对我和这本书而言非常重要。

最后，我要感谢我的好朋友们、员工、学生和我的家人一直以来所有的爱、帮助和支持。

作者简介

佐伊·克拉克是伦敦首屈一指的蛋糕设计师之一，她的作品连续地出现在英国最畅销的婚礼和翻糖工艺杂志里。她的蛋糕设计也曾被电视和电影选中，且她之前为D&C写过4本书来展示她独特的风格。佐伊·克拉克于2010年11月在伦敦西南开办了蛋糕会客室（*THE CAKE PARLOUR*），那里可为各种场合提供订制蛋糕和糖果设计服务，她还为全国有理想的蛋糕装饰者开设蛋糕装饰培训课程。佐伊·克拉克开始为世界知名的福南·梅森百货店（*Fortnum & Mason Stme*）独家提供婚礼和庆典蛋糕及饼干。

索引

图书在版编目（CIP）数据

经典复古蛋糕装饰／（英）克拉克著；李燕春译.
—北京：中国纺织出版社，2015.11

　　书名原文：Chic & Unique Vintage Cakes

　　ISBN 978-7-5180-1930-4

　　Ⅰ．①经…　Ⅱ．①克… ②李… 　Ⅲ．①蛋糕–糕点
加工　Ⅳ．①TS213.2

　　中国版本图书馆CIP数据核字（2015）第201060号

原文书名：Chic & Unique Vintage Cakes

原作者名：ZOE CLARK

Copyright © Zoe Clark, David & Charles Ltd 2013, an imprint of F&W
Media International, LTD. Brunel House, Newton Abbot, Devon, TQ124PU
本书中文简体版经F&W Media International，LTD授权，由中国
纺织出版社独家出版发行。本书内容未经出版者书面许可，不得
以任何方式或任何手段复制、转载或刊登。

著作权合同登记号：图字：01-2014-2359

责任编辑：穆建萍　　责任印制：王艳丽

中国纺织出版社出版发行
地址：北京市朝阳区百子湾东里A407号楼　邮政编码：100124
销售电话：010-67004422　传真：010-87155801
http：//www.c-textilep.com
E-mail：faxing@c-textilep.com
中国纺织出版社天猫旗舰店
官方微博http：//weibo.com/2119887771
北京市雅迪彩色印刷有限公司印刷　各地新华书店经销
2015年11月第1版第1次印刷
开本：889×1194　1/16　印张：8
字数：118千字　定价：68.00元

凡购本书，如有缺页、倒页、脱页，由本社图书营销中心调换